Python

陳寬裕 著

網路文字探勘
入門到上手

10堂基礎 + 5場實戰

搞定網路爬蟲、文本分析的淘金指南

五南圖書出版公司 印行

自序

　　本書將要來介紹 Python 這一套功能強大、直譯式並且屬於物件導向的高階程式語言。你或許聽過 Python，也或許沒聽過，但現在可藉由本書來認識它了。

　　Python 程式語言特別強調其簡潔與清晰的語法特點，它易讀、易懂、易學。此外，於程式開發的效率性、解決各種難度的應用上，亦相當優越，並可在大多數的系統中運行，以減少開發及維護的成本。Python 同時亦支援 modules 和 packages 的應用概念，使其擴展性更為精進。這種功能強大而完善的通用型語言，可適用於開發各類的應用程式，致使 Python 吸引了許多程式設計師的目光，雖然至今僅有十多年的歷史，但深受應用程式開發者的喜愛。

　　本書適合於沒有程式設計基礎，但想於網路進行資料探勘者。課程安排上由淺入深、循序漸進。在第 1 章至第 7 章先行介紹 Python 程式語言的基本語法與編寫程式基本技巧，包含資料基本型態、流程控制、串列與迴圈、元組、字典與集合、錯誤與例外處理等內容。第 8 章至第 10 章則介紹網路爬蟲的意義與於網路上進行資料探勘的基本技巧。第 11 章至第 15 章則連續以五個實際的網路資料探勘範例引導讀者精進實作的能力，其內容包含爬取 PChome 24h 購物的商品資料、Google 學術搜尋的論文資料、PTT 八卦版的 PO 文資料、開發網路書籍比價系統與製作文字雲。

　　另外，本書亦適合於大專院校初級的程式設計課程，於第 1 章至第 7 章的 Python 程式語言的基本語法與編寫程式基本技巧中，每一章皆附有範例供讀者練習或教師驗收學習成果。

　　本書得以順利出版，首先感謝五南圖書公司的鼎力支持與協

助，還有對我容忍有加的家人以及默默協助我的同事、學生。由於編寫時間倉促、後學水準亦有限，書中內容或有誤謬之處，在所難免。在此先向諸位先進與讀者致上十二萬分的歉意，並盼各方賢達能以正面思考之方式，提供後學補遺、改進之契機。

陳寬裕

謹致於　屏東科技大學休閒運動健康系

pf.kuan.yu.chen@gmail.com

2019 年 12 月

Contents

Contents

Contents

Contents

Chapter 14　書籍比價爬蟲　　　　307

Chapter 15　製作文字雲　　　　341

Chapter

01

Python 簡介

　　二十世紀八〇年代下旬，Guido Van Rossum 正進行著有關 Amoeba 分散式作業系統（Amoeba distributed operating system）的研究。他想使用像 ABC 語言這樣具有簡單易懂之語法的程式語言，來做為一個 Amoeba 分散式作業系統的輔助工具。因此，他決定新創一種應用層面更廣、更深的語言。這項重要的決定，卻引導了一種新程式語言的誕生。後來，這個新的程式語言便被命名為 Python。但是，出人意外的是：Amoeba 專案在 1996 年卻停止開發了。而更令人意外的是：Python 卻在 20 多年後，發展成為資訊界最流行的程式語言之一。

　　本章首先將透過了解「什麼是程式設計」的過程中，帶領讀者領略 Python 程式語言的特性，並初體驗 Python 的程式設計世界。內容上，將依照以下順序進行說明。

☞什麼是程式設計？

☞Python 程式語言的特點

☞如何在電腦上使用 Python 程式語言

☞如何執行 Python 程式

1-1　何謂程式設計

　　在討論 Python 之前，讓我們先來了解一下什麼是程式設計（programing）。所謂程式即是由設計者所創建的一個或一些指令的集合，且這些指令的總體，能表示出「我希望電腦能進行某種處理」的意涵。例如：「對表格內的資料進行加總或平均，然後將結果列印出來」、「從印表機將影像內容列印出來」等命令。另外，所謂的程式語言（program language）即是一種用於創建程式（指令的集合）的特殊語言。

　　電腦的執行動作皆由中央處理單元（Central Process Unit, CPU）所控制並依其指示進行相關的處理。CPU 能透過數位訊號來接收命令。因此，要電腦能運作，就有必要將控制指令的數位訊號傳送到 CPU，這些控制用的數位信號，主

要是透過二進位制之機器語言（0或1所表示出的數值）所代表的指令來執行的。二進位制以外的其它字符並無法被解讀。對電腦而言，二進位制之機器語言是最簡單、易懂的格式，但是對人類而言，則需要付出相當大的努力才能直接讀寫二進位制之機器語言。基於此，程式語言的概念乃孕育而生。

程式語言就是一種在不用直接編寫機器語言的情況下，而能向電腦提供指令的語法規則。也就是說，程式語言是用來命令電腦執行各種作業的工具，是人與電腦溝通的橋梁。當電腦藉由輸入設備把程式讀入後，會儲存在主記憶體內，然後指令會依序被 CPU 提取並解碼或翻譯成電腦可以執行的二進位制機器碼（數位訊號），並把這些數位訊號送到電腦內的各個裝置上，以執行指令所指派的動作。因此，這些人類與電腦溝通的語言，就被稱爲是程式語言。

程式語言的種類相當多，每種程式語言也都擅長於處理與表達。Python 也是一種程式語言，其語法簡單易懂，因此廣受歡迎。

1-2 Python 程式語言的特點

Python 是一種功能強大、高階的物件導向程式設計語言，由 Guido Van Rossum 所創建，並於 1991 年 2 月首次發佈。它具有簡單易用的語法，因而常被視爲初次學習電腦程式設計者的完美語言。Python 語言的語法是相當簡潔的，相較於其它熱門的程式語言，其程式碼的長度也相對較短。而且也有不少文獻發現，使用 Python 語言開發專案時，程式設計者亦較能專注於問題的思考上，而非關注於語法之正確使用否。

就讓我們先來熟悉一下這門語言吧！Python 是一種通用型語言。它的應用領域相當廣泛，從 Web 開發（如：Django and Bottle），科學和數學計算（Orange, SymPy, NumPy）到圖形化使用者介面的開發（Pygame, Panda3D）等，都存在著不少 Python 著墨的痕跡。它具有如下的特點：

一、簡單易學

　　Python 具有非常簡潔與優雅的語法。相較於其它語言（如 C/C++、Java、C#），閱讀或編寫 Python 程式要容易許多。使用 Python 語言，將使程式設計變得更有趣，並能讓程式設計者更專注於解決方案而不是語法。如果你是一個新手，使用 Python 來開始你的程式設計旅程，將會是個正確的選擇。

二、免費且開放其原始碼

　　Python 具有 PSF（Python Software Foundation）開放原始碼的認證。此認證將允許自由使用 Python，可以自由散佈，甚至運用於商業用途。也就是說，不僅可以使用和散佈所編寫的軟體，甚至可以對 Python 的原始程式碼進行更改。也因此，Python 在網路上也具有廣大的社群持續對它進行改進。

三、具可攜性

　　Python 程式也可以在不對程式碼進行任何更改的情況下，於不同的作業平台間轉移。它幾乎能在所有的作業平台上無縫接軌，如：Windows、Mac OS 和 Linux。

四、具擴展與嵌入性

　　假設應用程式需要更高等的功能時，也可以輕鬆地將 C/C++ 或其它語言的程序與 Python 程式碼組合在一起。甚至可嵌入一些其它程式語言根本無法提供的腳本功能（scripting capabilities）。

五、Python 是種高階、直譯式的語言

　　Python 很簡單，但也可以進行高階開發，並被世界各地的許多組織所採用。如眾所周知的 Google、Dropbox、Instagram 和 NASA 等組織中，都有使用 Python 的記錄。最近，有關科學計算的程式庫（libraries）發展亦相當迅速，也

引發在數據科學領域中的機器學習（machine learning）之應用，備受關注。

　　此外，與 C/C++ 不同，程式設計者也不必去擔心諸如記憶體管理、垃圾回收等艱難的任務。同樣的，當您執行 Python 程式碼時，它會自動將程式碼轉換為電腦所能理解的語言。你不需要去關注任何低階層級的操作。

六、具大型標準程式庫以解決常見任務

　　Python 包含許多標準程式庫（libraries），執行複雜處理時，您可以直接調用所需的程式庫並執行複雜的程式設計任務。這將使程式設計者的工作變得更加容易完成，因為您不必親自編寫所有程式碼。標準程式庫提供了許多可用於計算、讀取和寫入檔案資訊、透過 Internet 檢索資訊、分析圖像和處理音樂資料的內容等功能。例如：需要在 Web 伺服器上連接 MySQL 資料庫時，就可以使用匯入（import）MySQLdb 程式庫的方式，而使用 MySQLdb 程式庫內的各種功能來連結、編修 MySQL 資料庫。Python 中的標準程式庫通常都已經過數以萬計的程式設計師之測試和使用。因此，大可安心使用。

　　此外，也可運用全球 Python 用戶所共同開發、名為 PyPI（Python Package Index）的各種程式庫。PyPI 共享的程式庫通常可以透過單個命令來匯入，這有助於實現高階處理。因此，Python 不僅易於理解且易於學習，還可以讓您進行更複雜的開發任務。

七、物件導向

　　Python 程式碼中的所有內容都可視為是一個物件。物件導向程式設計（Object Oriented Programming, OOP）意味著程式設計者可直觀地解決複雜問題。使用 OOP，您可以透過新建物件而將複雜問題切割成較小、較簡單的集合。

1-3 選擇 Python 作為第一種程式語言的理由

一、簡單優雅的語法

使用 Python 來編寫程式會很有趣。因為其語法能讓人感覺到很自然、更容易理解。以下列的原始程式碼（source code）為例：

```
a = 2
b = 3
sum = a + b
print(sum)
```

即使您以前從未程式設計過，相信您也可以很容易地猜到，這個程式會將兩個數字進行加總並列印出來。

二、不會過於僵化

在 Python 中，程式設計者不用去定義變數的類型。此外，在語句末尾不需要加上分號。但 Python 會強制要求務必遵循適當的內縮原則。上述這些小要點可以讓初學者更容易學習。

三、語言的表現能力

Python 可讓程式設計者用較少的程式碼而編寫出功能強大的程式。例如：一般在編寫具圖形介面之「Tic-tac-toe game」這個小遊戲的程式碼時，一般程式語言的原始程式碼至少多在 500 行以上；但 Python 卻可少於 500 行。這只是一個例子而已，當您真正學習了 Python 的基本知識後，或許您更會驚訝於 Python 的表現能力。

四、廣大的社群與支援

Python 在全世界擁有許多使用者，透過 Python 使用者的社群活動，而進行的訊息交換和交流非常活躍。例如：每年在世界各地都會召開一次名為 PyCon 的會議。此外，也可透過郵件和社群的討論空間來進行訊息交換。其它如相關書籍和網際網路的資訊也很豐富，所以也很容易就可獲得學習時所需的資訊。從容易獲得資訊的觀點來看，對於那些想從現在開始學習程式設計的人來說，Python 也應該是一個非常好的選擇。

Python 有廣大的支援社群。當您於程式設計上遇到瓶頸時，在這些活躍的線上論壇中，就可方便的尋求支援，例如：

☞ LearnPython - Reddit (https://www.reddit.com/r/learnpython/)

☞ Google Forum for Python (https://groups.google.com/forum/#!forum/comp.lang.python)

☞ Python Questions (https://stackoverflow.com/tags/python)

1-4　安裝 Python 與環境設定

Python 是免費的而且在許多作業系統上，都有支援。例如：Windows、Mac OS 和 Linux。Python 的安裝程式可在 Python 的官網上免費直接下載，其安裝過程也相當容易，只要稍具電腦知識，都可輕易的安裝成功。

Python 的版本相當多，本書是使用 Python 3.7.1 版來製作所有的程式範例。若有更新版本時，讀者安裝比 Python 3.7.1 版更新的版本也無妨。

以下將就 Python 3.7.1 版的安裝過程做詳細說明。這是學習 Python 程式設計的第一步，盼讀者都能有個好的開始。也由於安裝過程若以書面方式說明，恐較占篇幅，故本書將以影音檔方式說明其過程與內容。影音檔之 QR Code 如圖 1-1，請讀者自行以智慧型手機連結，這樣就可以邊看影音檔，邊於個人電腦安裝軟體，或許這也是一種較新的學習模式吧！

圖 1-1　安裝 Python 3.7.1 版

1-5　安裝編輯器：Visual Studio Code

要能夠在自己的個人電腦上使用 Python，必先要有個簡單易用的文字編輯、測試與執行程式的工具。工欲善其事，必先利其器。在本書中，我們將使用 Windows 作業系統可支援的「Visual Studio Code」來協助使用者編輯、測試與執行程式碼。爲什麼會選擇「Visual Studio Code」呢？因爲它是免費的、易於安裝的，且在程式設計界已成名許久。

當您拜訪「Visual Studio Code」的官方網站時，它會自動根據你電腦的作業系統而自動顯示出 [Download for Windows]（若作業系統爲 Windows 時）的下載按鈕，或 [Download for Mac OS]（若作業系統爲 Mac OS 時）的下載按鈕。

當作業系統爲 Windows 且屬 64 位元電腦時，只要按 [Download for Windows] 按鈕一下，就可開始下載安裝程式，其檔名爲「VSCodeUserSetup-x64-1.29.1.exe」。「x64」代表 64 位元的 Windows 作業系統；而「1.29.1」爲版本，當然這個版本編號會隨著讀者下載的時間點不同而稍有變化。

接著，我們就以影音檔的方式，來說明「Visual Studio Code」的安裝過程與簡易的使用方法，連結影音檔的 QR Code 如圖 1-2。請讀者自行連結參閱。

圖 1-2　安裝 Visual Studio Code 編輯器

1-6　建置 Anaconda 開發環境

常聽人言 Python 易用，然而要用好卻不易呀！其中最令人感到頭疼的，莫過於套件的管理和 Python 版本差異的問題。特別是當你的作業系統是 Windows 的時候。因此，為解決這些問題，就有不少開發廠商致力於將 Python 和許多常用的套件進行整合，而發展出一些產品以方便 Python 程式設計者使用，如 WinPython、Anaconda 等。其中，Anaconda 因其強大而方便的套件管理與環境管理功能而使用者眾多。簡單的講，Anaconda 是一個 all-in-one 的 Python 開發環境，對於初學者來說是個十分合適的開發環境套件。故本書也建議初學者，安裝 Anaconda 來學習 Python。

或許讀者會問，為何已安裝了 Python，為什麼還需要 Anaconda？其實，最主要有下列原因：

1. Anaconda 內附許多科學性模組

Anaconda 中附帶了一大批常用的科學、數學、工程、資料分析的 Python 模組。因此，有了 Anaconda，處理資料時會變得相當簡便，因此也更能促使程式設計者，更專注於解決程式的邏輯性問題。

2. 便於管理套件

　　Anaconda 是以 conda（著名的套件管理器和環境管理器）為基礎而發展出來的。一般而言，進行資料分析時，程式常會用到許多第三方（third party）套件來增強功能，此時，conda 就可以發揮其套件安裝、解除更新等管理功能。

3. 管理環境

　　當相同一個專案，因為時間遞移或其它因素影響，而同時使用了不同版本的 Python 時，可能會造成許多混亂和錯誤。這時候 conda 也能為不同的專案建立不同的執行環境。

4. 免費並支援跨平台：Linux、Windows、Mac

5. 內建 Spyder 編輯器和 Jupyter Notebook 編輯器

　　雖然，本書編輯程式時以「Visual Studio Code」為主要的編輯器，然而於編寫複雜的爬蟲過程中，仍不免要於途中測試程式，測試程式時，Anaconda 所附帶的 Jupyter Notebook 編輯器就是一個不錯的工具。因此，建議讀者也能善加利用 Jupyter Notebook 編輯器。

　　最後，我們就以影音檔的方式，來說明「Anaconda」的安裝過程與 Jupyter Notebook 編輯器之簡易使用方法，連結影音檔的 QR Code 如圖 1-3。請讀者自行連結參閱。

圖 1-3　安裝 Anaconda 開發環境套件

習 題

一、單選題

（　）1. 可以直接被電腦接受的語言是：　(A) 機器語言　(B) 組合語言　(C) Python 語言　(D) 高階語言。

（　）2. Python 屬於何種語言？　(A) 組合語言　(B) 機器語言　(C) 低階語言　(D) 高階語言。

（　）3. 下列有關編譯程式（Compiler）與直譯程式（Interpreter）的敘述，何者不正確？　(A) 二者皆可將高階語言所寫的程式或敘述，轉換成機器碼　(B) 二者翻譯後的程式均須再經連結、載入至主記憶體後，方可執行　(C) 直譯過程中，一有錯誤就立即停止供使用者修改，故較適合於初學者用以學習高階語言　(D) 程式經編譯過程，完全正確無誤後，下次若要再執行該程式時，便不需重新編譯。

（　）4. 利用下列何種程式語言所撰寫的原始程式碼交由電腦執行前，不需要經過編譯器或直譯器的處理？　(A) 組合語言（Assembly）　(B)C++ 語言　(C)FORTRAN　(D)Visual Basic。

（　）5. 下列何種程式語言所撰寫的原始程式碼屬直譯程式？　(A) Python　(B) C++ 語言　(C) Java　(D) Visual Basic。

（　）6. 下列哪一種程式語言，其原始程式和機器相關性最高，機型不同，程式敘述命令就不同？　(A) Java　(B) Visual Basic　(C) Python　(D) 組合語言。

（　）7. 下列哪一項不是高階語言的優點？　(A) 占記憶體的空間小　(B) 程式容易維護　(C) 程式可攜性高　(D) 容易學習。

（　）8. 將高階語言每一敘述翻譯成機器語言後便直接執行的是：　(A) 組譯器　(B) 直譯器　(C) 編譯器　(D) 以上皆是。

（　）9. 下列何者不是 Python 程式設計的特點？　(A) 簡單易學　(B) 具可攜性　(C) 屬高階語言　(D) 屬編譯式語言。

二、簡答題

1. 何謂程式語言？

2. 請完成下表，以比較說明編譯器和直譯器的差異。

項　目	直譯	編譯
是否產生目的程式		
程式執行速度（快／慢）		
和機器的相關性（高／低）		

3. 電腦語言的翻譯程式分為哪幾種，其翻譯方式為何？

4. 請完成下表，以比較高階語言與低階語言的差異。

項　目	高階語言	低階語言
程式撰寫		
產生機器碼大小		
產生機器碼執行速度		
程式可讀性		
程式除錯		
程式維護		

Chapter

02

資料型態

在學習 Python 的主要語法之前，有必要先了解一下資料的基本類型。因此，在本章將針對資料進行概念性的講解之外，也會使用互動式介面執行程式，並體驗程式於處理各類型資料時的相關基礎知識。

2-1 Python 處理的資料類型

程式的目的就是在操縱「值」。即使在執行數據分析或深度學習時，程式也都是為了某種目的在操縱著某些「值」。因此，也可以這樣說，程式的執行目的就是為了處理某些「值」。

一、Python 可處理的元素或「值」

在 Python 的程式碼中，將會處理以下的「值」：

(一) 字面常數（literal）

字面常數的意思就是字面上的意義。也就是說，「1234」的字面意義就是代表整數數值「一千兩百三十四」的意義。因此，所謂的字面常數就是直接寫進 Python 程式碼的原始資料。「100」是「數值」和「'Hello world！'」是「字串」都可被稱為是字面常數。這樣的敘述，便能與 Python 中的其它「值」區分開來。

(二) 保留字（reserved word）

在 Python 中，保留字是一個已被賦予特殊涵義的單詞。保留字將用於執行某些特定的處理。例如：「if」就是個保留字，其處理內容通常就是：「如果○○則執行△△」。 Python 中的保留字總共有大約30個。

(三) 識別字（identifier）

識別字為寫程式時，依需求而由程式設計者所自行定義的名稱，包括變數（variable）、函式（function）、類別（class）等。例如：Python 使用「變數」（variable）來儲存「值」並將它們傳遞給其它程式碼使用。在程式碼中，字面

常數相當多也相當繁雜，通常會為其指定特定的名稱來加以管理。這些名稱即是所謂的變數，當然變數的名稱最好也能符合其儲存值的特質或意義；當然，只要程式設計者喜歡，任何名稱也都無妨。

(四) 冒號和換行碼

在原始程式碼中的「:」（半形）或換行符號也是構成原始程式碼的元素。

(五) 括號

在 Python 中，括號有三種（全屬半形），其用途分別說明如下：

[]：用於定義串列（list）。

()：定義元組（tuple）或運算順序或函式。

{}：定義字典（dict）或集合（set）。

例如：「()」的用法，可將用字串「'Hello world!'」放到 print() 的括號中，這樣就可印出「Hello world!」了。除此之外，「()」有時也用於計算公式。而「[]」則可用於操作串列的資料結構。

(六) 符號

在 Python 中，也存在一些具有特殊涵義的符號。例如：「'」、「#」。在輸出字串時，須用一對「'」符號（半形）括起字串，例如：print（'Hello world!'）。程式中，欲對某些程式碼進行備註或說明時，則可使用「#」符號（半形）。

二、字面常數與基本資料型態

在程式中處理「值」（資料）的過程，能區別出到底是「什麼樣的值」（資料的型態）是件非常重要的事情。例如：「1」，如果它是一個數值，也就是說，如果它是數字，則可以用各種數值運算程序來對其進行運算。但是，若把「1」看作是文字時，數字和文字的類型是不同的，所以如果試圖去計算它，當然就會變得很莫名其妙。

因此，Python 將資料的類型進行嚴格的區分，並限制各種資料類型於進行程式設計時所能做的工作。例如：某變數的資料類型為數值型態時，其就可處理整數字面常數和小數（浮點數）字面常數。由於它是數字類型，因此就可應用、執行諸如加法和減法等操作的函數。另一方面，由於字串類型可處理文字，因此就可應用專門處理文字組合或分割文字的字串操作函式。但想當然，其運作方式顯然也會與數值類型有很大的差異性。

Python 可處理的基本資料型態如表 2-1，這些能直接與字面常數對應的資料類型就稱為基本資料型態。

表 2-1　Python 的基本資料型態

資料型態	字面常數的類型	內建型態	取值範例
數值型	整數字面常數	int	100
	浮點小數字面常數	float	3.14159
字串型	字串字面常數	str	Hello world！
邏輯型	真假字面常數	bool	真：以「True」表示 假：以「False」表示

2-2　數值型態

程式設計時，對於資料的處理必須先確認其類型（type）。數值類型中，「值」即為其字面常數的意義。但在程式設計時，須明辨該數值類型到底是屬於整數或小數類型。在 Python 中，整數屬整數（int）類型，而小數則屬浮點（float）類型。

在第 2 章中，我們將使用互動式介面（interactive shell）來執行單行程式碼，以加深對整數類型資料和字串類型資料的理解。在此，將透過範例進行解說。首先，於「Visual Studio Code」下方視窗的功能選項中，選擇「終端機」（或使用

Windows 作業系統中的「命令提示字元」也可以，請參考 1-5 節影音檔），然後於「>」（如：PS D:\>）後，輸入 Python，並按「Enter」後，執行 Python 並啟動互動式介面。執行後，如果「>>>」已出現在最後一列時，即代表已啟動互動式介面。

　　在程式設計過程中，常常需要處理很多種不同型態的資料。在此，每一種型態的資料就稱之為類型。首先，我們將來探索較容易理解的數值型態。請執行以下操作：

```
>>>1
1
```

　　此時，命令模式視窗中應該會顯示「1」。「1」為數值，其資料型態為整數（int）型態。

　　除此外，使用數值還可以做些什麼事呢？ 讓我們從加法開始。請執行以下程式碼：

(一) 加法

```
>>>1+1
2
```

　　您應該可以看到執行結果為 2，這是 1 + 1 的結果。

　　接下來，繼續來看看減法和乘法。請執行以下的程式碼：

(二) 減法

```
>>>2-3
-1
```

(三) 乘法

程式中，將以「*」代表乘號。

```
>>>2*3
6
```

當加號、乘號同時存在時，先進行乘法運算，再進行加法運算。

```
>>>1+2*3
7
```

在加號、乘號同時存在的場合，若要先計算加法，那麼就必須先用「()」將欲先計算的部分括起來。

```
>>>(1+2)*3
9
```

(四) 除法

程式中，將以「/」代表除號。例如：

```
>>>9/3
3.0
```

在除法中，雖然整除，但仍會以小數（Python 中稱為浮點數）的方式顯示計算結果。接下來看看不整除的情形。例如：

```
>>>9/4
2.25
```

不整除時，當然小數點後的數字就不為 0 了。

(五)「//」運算子

不整除時，若想捨棄小數部分而只取整數部分時，則需要用到「//」運算子。例如：

```
>>>9//4
2
```

(六)「%」運算子

不整除時，若只想取用餘數的部分時，則需要用到「%」運算子。例如：

```
>>>9%4
1
```

(七)「**」運算子

要進行冪（次方）運算時，則需要用到「**」運算子。例如：

```
>>>5**3
125
```

2-3　字串型態

　　單字或句子之類的一系列字元組合，通常就稱之為字串（string）。在程式中，使用單引號（'）或雙引號（"）括起來的文字，都將被視為是字串。例如：

```
>>>print('Hello')
Hello
```

　　互動式介面的操作方式與開啟程式檔而編寫程式，所產生的結果應會完全相同，但有一例外，如果於互動式介面中，於「>>>」後簡單地輸入數值「10」，則它將被解釋為「print(10)」並顯示為「10」（整數型態）。但如果直接於「>>>」後輸入文字或字母（Hello）時，那麼它就會報錯。而若將文字或字元以「'」括起來然後輸入時（例如：'Hello'），則將會連括號也一起輸出，如「'Hello'」，但此結果將不會與「print('Hello')」的輸出結果（Hello）相同。

　　數字也可以用字串的形式來表示。

```
>>>print('25')
25
```

　　這個執行結果似乎等同於執行數值的結果，但數字加上單引號後，在程式中它將被識別為字串。接著，讓我們在字串 25 再加上字串的 25 看看。

```
>>>print('25' + '25')
2525
```

　　明顯的，由於「25」目前為字串型態，因此其結果不會像數值那樣進行加法演算，而是將兩個字串「25」組合在一起。

☞ 字串的加法和乘法

　　雖然字串不會像數值那樣可以進行值的四則運算，但是爲了方便地處理字串，也可以在字串中使用加法和乘法運算。只是這加法和乘法運算的意義與數值運算時不同罷了！

```
>>>print('25' + '號道')
25號道
```

　　在字串型態中，加法所代表的意義爲字串和字串間的組合，這點應該可以很直觀地理解。而乘法呢？

```
>>>print('很重要！' * 3)
很重要！很重要！很重要！
```

　　這個結果有沒有和你所預期的結果相同呢？如果是數值運算，那麼「2 * 3」的結果就是「2 + 2 + 2」的結果；但在字串中時，「'很重要！' * 3」其結果即是把相同的字串連續組合 3 次（即「'很重要！' + '很重要！' + '很重要！'」），故結果爲「很重要！很重要！很重要！」。

2-4　變數

　　在程式中，變數的意義就像是一個可以裝各種不同資料的收納箱，且這個收納箱有其固定的名稱。因此在 Python 中，變數即扮演著標識資料的角色，也就是說，在處理各類型資料時，程式設計者可以考慮將各種資料放入不同的收納箱中並逐個爲其命名，以利各種資料之處理。把「資料裝入收納箱並爲該收納箱命名」的動作，在程式中的表達方式即如「變數名 = 資料值」，命名好後，在後續的程式碼中，就可以使用該變數名稱來調用該資料值。

```
>>>school_name = '國立中正大學'
>>>print(school_name)
國立中正大學
```

在這個例子中，先設定一個變數並命名為「school_name」，然後將字串資料值「國立中正大學」代入其中，最後於 print() 中調用該變數名稱，即可將其內含值列印出來。

使用變數（等同為資料命名之意）在程式設計中具有相當重要的作用。例如：假設你想分別計算一下「購買單價120元的商品2個及5個時所需的金額」。

```
>>>print(120 * 2)
240
>>>print(120 * 5)
600
```

在上述的程式碼中，雖然可以達成我們的目的。但是試想，如果我們想將單價由 120 元改成 180 元時，這樣我們就得在上述的程式碼中，逐條修改單價為 180 元。這個例子中，程式碼只有 2 行，可以很容易就修改完成。但如果是大型的程式，那麼更改起來就會很麻煩，而且也很容易漏失。

在這種情形下，若能使用「變數」這個概念，我們就可以輕鬆完成修改單價的任務，而且不易出錯。例如：上述的程式碼中，可以將最初的單價（120 元）指定給一個名為「price」的變數，然後再進行銷售金額的換算。例如：

```
>>>price = 120
>>>print(price * 2)
240
>>>print(price * 5)
600
```

將單價由 120 元變爲 180 元時，只需要修改變數「price」的內含值即可。

```
>>>price = 180
>>>print(price * 2)
360
>>>print(price * 5)
900
```

在此，我們新建了一個名爲「price」的變數，並指定其值爲 180。這種將資料指定給變數的過程，通常就稱之爲賦值（或初始化）。變數賦值之後，程式設計者就可以使用該變數名稱（即 price）來多次調用 180 的數值。當然，變數不僅可以代入數值，還可以代入字串或其它類型的資料值。

在上述的程式碼中，當然也可以考慮把銷售個數設定成變數。例如：可以新建一個名爲「number」的變數，並指定其值爲「2」，然後進行運算。

```
>>>price = 180
>>>number = 2
>>>print(price * number)
360
```

這樣的程式看起來是不是更簡潔、更有力了？最重要的是，結果是否相同呢？在此，我們直接列印出「price * number」的結果，亦即直接列印「180 * 2」的結果，因此顯示了 360 元的計算結果。

由於變數具有收納箱的概念，所以在程式的執行過程中，變數的內含值也可以隨需要、場合而更改。來看看下一個例子吧！

```
>>>price = 180
>>>number = 2
>>>number = 5
>>>print(price * number)
900
```

到目前為止，我們已經使用了諸如「於變數中代入各種資料值」之類的方法來進行相關的運算。這裡的「各種資料值」在物件導向程式設計（Object Oriented Programming, OOP）的概念下，也可以稱之為物件（object）。例如：上述程式碼中的「number」變數即為所謂的整數型物件。

2-5　數值和字串間型態的轉換

Python 中，資料型態的種類相當多。到目前為止，也已介紹過數值和字串型態。我們來執行下列的程式碼並觀察執行結果，可以發現執行結果看似相同，但它們的本質其實應屬不同型態的資料。上面這段程式碼之執行結果為「3」，此「3」應屬字串型態資料；而下面的程式碼，雖然執行結果也為「3」，但此「3」則屬數值型態資料。

```
>>>number_str = '3'
>>>print(number_str)
3
```

```
>>>number_int = 3
>>>print(number_int)
3
```

對於上述兩程式碼的差異性，可從變數組合到字串的過程中，就可明顯感受出來。例如：

```
>>>number_str = '3'
>>>print('python' + number_str)
python3
```

這樣的結果是否又與你預期的結果相同呢？由於這只是過去所學過的「字串組合」的應用，所以應不難理解吧！那麼接下來，就來看看將數值與字串結合在一起，會產生什麼狀況。

```
>>>number_int = 3
>>>print('python' + number_int)
Traceback(most recent call last):
  File "<stdin>"，line 1，in <module>
TypeError: can only concatenate str(not "int")to str
```

執行結果是報錯（出現錯誤訊息了）。

這是因爲 Python 無法將字串、數值與「+」號組合起來一起運算。要解決此問題，你需要將各種不同類型的資料，都統整爲同一類型資料才可。在此，可以使用 str() 函式，將屬數值型態的物件轉換爲字串。例如：可以透過將「str(number_int)」的方式，將「number_int」的內含值轉換爲字串型態，也就是說從原本的數值物件「3」轉換爲字串物件的「'3'」。

```
>>>number_int = 3
>>>print('python' + str(number_int))
python3
```

這次的結果就正確了。相對的，若要字串轉換爲數值物件，則可以使用 int() 來進行處理，當然 int() 只對「字串型數字」有效；拿 int() 來轉換非字串型數字，就會報錯。

```
>>>number_str = '3'
>>>print(1 + int(number_str))
4
```

2-5-1 使用 format() 方法，將變數嵌入字串中

　　每次處理帶有數字的變數和字串進行運算時，都要運用 str()，確實有點煩。然而，實際上在 Python 中，只要適當的使用 format() 方法（method）就可順利的組合字串和數值。所謂方法即是物件本身所具有的功能，format() 方法就是字串物件具有的諸多功能（方法）之一，它是種可將各種資料型態的物件，統一格式成字串的方法。也就是說，藉由 format() 方法，可以非常方便地連接、組合不同型態的變數。

　　format() 方法可允許在字串中的任意位置上，嵌入另一個字串或數值。例如：有個字串「先生，歡迎你大駕光臨！」，利用 format（'陳'）就可在原始字串中的特定位置上嵌入字串「陳」。例如：若指定在「先生」之前嵌入姓氏的話，那麼在程式執行期間，就可顯示出「陳先生，歡迎你大駕光臨！」。至於如何指定嵌入的位置，則可運用「{}」符號來決定。其語法如下：

語法	字串 {} 字串 . format(欲嵌入的字串或數值)

```
>>>number = 12
>>>title = '國立屏東科技大學第{}屆畢業典禮'. format(number)
>>>print(title)
國立屏東科技大學第12屆畢業典禮
```

```
>>>number_str = '12'
>>>title = '國立屏東科技大學第{}屆畢業典禮'. format(number_str)
>>>print(title)
國立屏東科技大學第12屆畢業典禮
```

　　由上面兩段程式碼可發現，不管「12」是數值或字串，透過 format() 方法格式化後，都可變爲字串而嵌入原始字串「國立屏東科技大學第 {} 屆畢業典禮」中。format() 方法的使用，看起來有點複雜，但如果你記住其語法的話，其實並不困難。

　　藉由「{}」的設定，可在原始字串「國立屏東科技大學第 {} 屆畢業典禮」中，指定出欲嵌入之字串的位置。然後，在原始字串之後有一個「.format(變數名)」的語法，這樣在執行程式碼後，就可看到在「{}」的位置上，就會顯示出該變數的內容。

　　值得注意的是，無論變數內容是數值，還是字串，您都可以用相同的方式將原始字串和變數內容組合起來。format() 方法似乎很難寫，但是使用這種表示法，你就不需要再去考慮要不要爲變數加上 str() 了，這樣你就可以比較專注於程式碼的編寫上。這麼好用的方法，當然是要更加的熟悉它囉！

　　如果想要使用 format() 方法來處理多個變數時，可執行以下操作：

```
>>>var_1 = '高雄'
>>>var_2 = 15
>>>title = '國立{}科技大學第{}屆畢業典禮'. format(var_1,var_2)
>>>print(title)
國立高雄科技大學第15屆畢業典禮
```

　　使用「{}」於字串中指定出欲組合之變數的位置。然後，透過 format(var_1,var_2) 依序列出各變數值。即可於字串中組合多個變數。此外，此標記法也可用於對要輸入的變數進行編號，或更改輸出格式（例如：取小數位數到第幾位）。

2-5-2 指定多個嵌入字串的位置

如果要在各目標位置嵌入多個字串，而不管 format() 方法中變數的順序如何時，則需要在「{}」中寫入該變數的編號。format() 中所列出的多個變數，於編號時將從 0 開始，而後遞增 1。例如：

```
>>>var_1 = '今天'
>>>var_2 = '星期一'
>>>today = '{0}是{1}' . format(var_1,var_2)
>>>print(today)
今天是星期一
```

```
>>>var_1 = '今天'
>>>var_2 = '星期一'
>>>today = '{1}是{0}' . format(var_1,var_2)
>>>print(today)
星期一是今天
```

上述例子中，format(var_1,var_2) 方法中有兩個變數，「var_1」這個字串的索引編號就是「0」（Python 中的索引編號都是從 0 開始）；而「var_2」的索引編號為「1」。將來於字串中進行嵌入時，亦將遵循此索引編號為取值依據。

2-5-3 指定數字的精度

所謂精度意指小數值於計算過程或顯示時，將只取到小數點以下第幾位的意思。例如：取值到小數點以下第 2 位時，則稱精度為 2。format() 方法也可用於指定小數值的精度，其語法如下：

語法	字串{索引編號:.精度f}字串 . format(欲嵌入的小數值)

須特別注意的是，上述語法中精度的前面有「.」，千萬不要漏失。

```
>>>pi ='圓周率爲{: .2f}' . format(3.14159)
>>>print(pi)
圓周率爲3.14
```

```
>>>pi = 3.14159
>>>radius = 2
>>>area = radius**2 * pi
>>>result = '半徑爲{0}時，圓的面積爲{1: .3f}' . format(radius，area)
>>>print(result)
半徑爲2時，圓的面積爲12.566
```

2-5-4　字串物件的其它功能

　　字串本身也是一個物件。如前所述，字串物件具有 format() 方法外，還有許多其它有用的方法。限於篇幅，在此僅介紹一些常用的字串方法。

☞ upper **方法**、lower **方法**

　　upper 方法可以將所有指定的英文字母轉換爲大寫；而 lower 方法則可將其轉換爲小寫。Python 中，調用字串物件之方法時，其語法如下：

語法	字串物件名. upper() 字串物件名. lower()

```
>>>sch_name = 'National Taiwan University'
>>>print(sch_name.upper())
NATIONAL TAIWAN UNIVERSITY
>>>print(sch_name.lower())
national taiwan university
```

☞ **strip 方法、lstrip 方法、rstrip 方法**

　　strip() 方法可用於移除字串頭、尾所指定的字元（預設為空格或換行符號）。須稍加注意的是：該方法只能刪除開頭或是結尾的字元，不能刪除中間部分的字元。

```
# 刪除字串頭、尾的空格
>>>test_str1 = ' 012 National Taiwan University 012 '
>>>print(test_str. strip())
012 National Taiwan University 012
```

```
# 刪除字串頭的空格
>>>test_str1 = ' 012 National Taiwan University 012 '
>>>print(test_str. lstrip())
012 National Taiwan University 012
```

```
# 刪除字串尾的空格
>>>test_str1 = ' 012 National Taiwan University 012 '
>>>print(test_str. rstrip())
   012 National Taiwan University 012
```

```
#從字串頭刪除所指定的字元
>>>test_str2 = '012 National Taiwan University 012'
>>>print(test_str. strip('01'))
2 National Taiwan University 012
```

　　應該不會太難理解吧！ test_str1 變數在頭、尾各有 3 個空格。strip() 方法將去除頭、尾兩端的所有空格。lstrip() 方法僅刪除字串開頭的空格（l 代表從左邊開始之意），而 rstrip() 方法則僅刪除字串尾端的空格（r 代表從右邊開始之意）。strip() 方法若帶有參數，如「strip('01')」，則代表從字串的開頭處或結尾處刪除所指定的參數值（即 '01'）。

☞ zfill **方法**

　　zfill 方法可以在所指定字串的前面補充 0，直到最終字串寬度達到所要求的寬度為止。其語法如下：

語法	字串物件名. zfill(width)

　　參數 width 代表最終字串的寬度。

```
>>>print('8'. zfill(3))
008
>>>print('18'. zfill(3))
018
>>>print('218'. zfill(3))
218
```

☞ replace **方法**

　　replace() 方法把字串中所指定的部分字串（舊字串）替換成新的字串。其語法如下：

語法	字串物件名. replace(old，new[，max])

　　語法中，old 代表將被替換的子字串；new 代表新字串，用於替換 old 子字串；而 max 則是一個可選參數，如果指定了第三個參數 max，則替換的總次數不得超過 max 次。

```
>>>sch_name = 'National Taiwan University'
>>>print(sch_name. replace('w'，'n'))
National Tainan University
# 刪除字串中的空格
>>>print(sch_name. replace(' '，''))
NationalTaiwanUniversity
# 同時置換多個字元
>>>print(sch_name. replace('n'，'z'))
Natiozal Taiwaz Uziversity
```

　　雖然，我們已經介紹了不少常用的字串物件之方法。當然，還有許多其它的字串物件方法。例如：執行後，可以傳回 bool 物件或 list 物件的字串物件方法（如表 2-2），但這些方法，在後續的章節中再來介紹。

表 2-2　字串物件的方法

方法	功能	傳回物件	範例
str[n1:n2]	擷取字串。	字串物件	str='ab12e' str[2:4] 結果為：12 str='ab12e' str[2:] 結果為：12e str='ab12e' str[:4] 結果為：ab12
str. find(' 目標字串 ')	在字串中尋找指定字串或字元。	整數物件	str = "This is a string" str.find("is") 結果為：2
str.isdigit()	檢查字串是否只包含數字（即全由數字組成）。	bool 物件	str='123' 結果為：True
str.startswith ('目標字串')	檢查 str 是否以目標字串開始。	bool 物件	str='abcde' str.startswith('a') 結果為：True

表 2-2　字串物件的方法（續）

方法	功能	傳回物件	範例
str.endswith（'目標字串'）	檢查 str 是否以目標字串結束。	bool 物件	str='abcde' str.endswith('d') 結果為：False
str.split（'目標字串'）	將 str 以目標字串來加以分割。	list 物件	str='a,b,c' str.split(', ') 結果為：[a, b, c]
str.join（list 物件）	將 list 物件內的所有元素，逐個依序取出。然後將各個元素間，利用 str，將個元素組合起來。	字串物件	str_list=['a','b', 'c'] str='-' str.join(str_list) 結果為：'a-b-c'

最後，將 Python 的所有資料型態整理如表 2-3，以供後續章節參考。

表 2-3　Python 的所有資料型態

型態	名稱	記法	例示	性質
數值	整數型	int 型	0，5，-1	處理整數
	浮點數型	float 型	1.82，0.0，-9.54	處理帶有小數點的數值
字串相關	字串型	str 型	'abc'，'學校'	處理字串
	位元組型	bytes 型	'stream data'	處理二進位制資料
容器 (container)	串列型	list 型	[1，2，'abc']	按順序排列的資料（有序資料），內容可更改
	元組型	tuple 型	(1，2，'abc')	有序資料，內容不可更改
	字典型	dict 型	{'apple':100，'orange':60}	非有序資料，內容為鍵值對
	集合型	set 型	{1，5，8}	非有序資料，內容不可重複
其它	布林型	bool 型	True/False	處理真或假
	NoneType 型	NoneType 型	None	什麼型態都不是
	複數型	complex 型	2+3i	處理複（虛）數值

習 題

1. 請使用「VS Code」，建立一個字串變數（str1），其內容為「蘋果 1 顆 50 元」。試從該變數中抽離數字的部分，並轉為整數型態後，指定給變數「apple_price」。最後將「apple_price」的內容印出。

2. 承上題，再建立另一個字串變數（str2），其內容為「火龍果 1 顆 30 元」。試計算「蘋果、火龍果各買 1 顆的總售價？」。最後，請印出「蘋果（50）、火龍果（30）各買 1 顆的總售價為：80 元」，印出時，所有的數字部分，請以「.format()」的方式嵌入，且所有數字精度皆為 3 位整數。

3. 請建立一個字串變數（str1），其內容為「鉛筆 1 枝 2.87 元」。再建立另一個字串變數（str2），其內容為「原子筆 1 枝 3.6 元」。試計算「鉛筆、原子筆各買 1 枝的總售價？」。最後，請印出「鉛筆（2.87）、原子筆（3.6）各買 1 枝的總售價為：6.47 元」，印出時，所有的數字部分，請以「.format()」的方式嵌入，且所有數字精度皆為小數 2 位。

4. 請建立一個字串變數（str），其內容為「出版日期：2018-10-10」。試將該字串變數中的日期格式轉換為「出版日期：2018/10/10」，並印出。

5. 承上題，將該字串變數中的日期格式轉換為「出版日期：2018/10/10」後，請只印出「2018/10/10」。

6. 承第 3 題，請取出字串變數（str）中的數字部分（運用 split() 方法），並印出。

7. 於博客來網站中，查詢書籍關鍵字「python」時，其所連結的網址為：
https://search.books.com.tw/search/query/key/python/cat/all
請從該網址中，請運用「find()」方法，解離出關鍵字「python」，並印出。

Chapter

03

流程控制

　　到目前為止，本書所有的程式都是按照程式編寫的順序逐行執行。例如：只顯示固定內容的字串。這樣的程式，看起來或執行起來都非常單調。試想，若能讓程式依照不同的條件而顯示不同的內容或處理不同的事務，那是不是有趣多了？因此，在本章中，我們將學習條件分岐的概念與作法，以便能更隨心所欲的操控程式流程，進行各式各樣的處理。

3-1　流程控制的構成要素

　　在一般情況下，程式將按照輸入程式碼的順序逐行執行。但是，如果你想建立一個更高等級的程式，比如：你可以跳過特定的程式碼或重複相同的程式碼，或從多個程式碼中選擇一個並執行它，這時就必須針對程式的執行流程進行控制。

　　也就是說，在 Python 中，程式碼的執行方式有循序式與跳躍式兩種。顧名思義，循序式的程式碼將由上往下逐行執行，這是最常見的程式碼型態；而跳躍式的程式碼將依照某些條件的成立與否或決策狀況的差異，而依判斷結果或決策取向而執行不同的程式碼。這種具跳躍性的程式碼，即稱為程式流程控制。

3-1-1　流程控制的構造

　　程式流程控制由一個「流程控制命令」和一個「程式區塊」所構成，在 Python 中，控制程式流程時須使用流程控制命令，主要有 if、for 和 while 等敘述。

☞ 流程控制的語法

　　流程控制的語法將組合 if、for、while 等流程控制命令和條件運算式，並以冒號「:」結尾。根據條件運算式的真（True）或假（False），而決定是否要執行程式區塊。條件運算式可使用關係運算子或邏輯運算子來建立。例如：以 if 敘述而言，其語法如下：

語法	if 條件運算式 ◀—— 流程控制命令 　#處理 ⎫ 　#處理 ⎭ 程式區塊

　　基本上，控制程式流程時，須使用流程控制命令，主要可分爲兩大類：

1. 判斷式

　　判斷式的流程控制命令意指：根據關係運算子或邏輯運算子所建立的條件運算式，來輔助「判斷」程式該執行哪些程式區塊之意。若條件運算式的結果爲「True」時，就進行跳躍而執行相對應的程式區塊。在 Python 中，判斷式的流程控制命令只有一個，即 if 敘述。

2. 迴圈式

　　迴圈式的流程控制命令則意指：根據條件運算式的結果爲「True」或「False」來進行決策，以決定是否「重複執行」特定的程式區塊之意。在 Python 中，迴圈式的流程控制命令有 for 敘述與 while 敘述。

　　在此，所謂的程式區塊其爲流程控制語法的組成要件之一。有時它只有 1 行程式碼，但大部分的情形都是多行的。也就是說，能處理 1 行程式碼或 1 段程式碼的程式段落即稱爲程式區塊。須特別注意的是，在 Python 中編輯程式時，流程控制語法中的程式區塊必須內縮（通常爲一個 Tab 鍵或 4 個空白字元）。編輯程式碼時，內縮原則如下：

　　1. 一開始編寫程式區塊，就必須內縮。

　　2. 程式區塊中也可以包含另一個程式區塊。

　　3. 當進行換行後，如果新行的內縮層級與流程控制命令屬同一級別時，則代表程式區塊結束。

3-2　條件分岐

條件分岐是指根據條件的成立與否而改變程式的處理內容之意。聽起來好像有點複雜，但是在我們的日常生活中，就會常常會遇到這樣的情況發生。例如：當您要去吃晚餐時，你就可能會做出以下的考量：

☞ 考量今晚有營業的餐廳。

☞ 如果下雨，則找附近的餐廳就好了。

☞ 如果是要邀請朋友來一起聚餐的話，那就需要根據人數來選擇餐廳。

☞ 而且，也應該要根據參與聚餐之成員的喜好來選擇餐廳。

因此，若想根據天氣狀況和參與聚餐的朋友數量而編寫一支程式來決定餐廳時，就可以透過使用「if 敘述」來實現這種條件分岐的狀況。例如：如果最多 5 人時，就去 A 餐廳；但如果有更多人時，B 餐廳應是較好的選擇。這樣的條件分岐狀況，Python 是這樣處理的：

程式檔	ex3-1.py
1	member = 5
2	restaurant = 'A'
3	if member >= 6:
4	restaurant = 'B'
5	
6	print('今天就去 {} 餐廳吧！' . format(restaurant))
執行結果	
今天就去 A 餐廳吧！	

互動式介面中所執行的程式，較適合用於單行程式碼。由於具有控制流程命令的程式，其程式碼通常較多行，所以從第 3 章開始，本書中大部分的程式，

都將使用「Visual Studio Code」的程式編輯視窗來編輯、執行程式。若讀者對「Visual Studio Code」軟體的操作還不熟悉的話，請自行回顧第1章第5節的說明。

在「ex3-1.py」之程式碼中，第3行「if member > 6:」，這就是執行條件分岐的「if敘述」。其語法如下：

語法	if條件運算式: 　　if敘述的處理內容(即程式區塊)

if敘述的語法中，若條件運算式的判斷結果為「真」時，就會傳回bool型態值的「True」；否則就傳回「False」。當條件運算式為「True」時，才會執行內縮部分的程式區塊（即if敘述的處理內容）。如前所述，程式區塊可以是1行或多行程式段落。內縮的空間大小，通常為一個Tab或四個半形空格。當換行後，若程式碼不再內縮時，就代表已離開條件分岐判斷，而回到程式的正常執行順序。例如：「ex3-1.py」之程式碼中，第6行的「print(' 今天就去 {} 餐廳吧！'.format(restaurant))」，由於不屬於if敘述的處理內容（程式區塊），所以只要執行「ex3-1.py」時，它都一定會被執行一次。

再來仔細觀察條件運算式看看。「ex3-1.py」中，「member >= 6」就是個條件運算式，它將判斷「聚餐的成員數是否大於5」。由於在程式的第1行中已將member變數指定為5，因此，「member >= 6」的實際意涵即為「5 >= 6」。當然，這是不正確的，故條件運算式「member >= 6」將傳回「False」。也由於條件運算式的結果為「False」，因此，程式就不會去執行if敘述下面、內縮的程式區塊「restaurant = 'B'」。

接下來，來看看當聚餐的成員數真的超過5人時，會發生什麼事。請將「ex3-1.py」中，第1行程式碼的member變數直接指定為7，程式將變為：

程式檔	ex3-2.py
1	member = 7
2	restaurant = 'A'
3	if member >= 6:
4	restaurant = 'B'
5	
6	print('今天就去 {} 餐廳吧！'. format(restaurant))
執行結果	
今天就去 B 餐廳吧！	

　　如預期，條件運算式「member >= 6」的判斷結果變為「True」，因此執行 if 敘述中的程式區塊「restaurant = 'B'」（即：將字串 'B' 指定給 restaurant 變數）。這種透過條件運算式的結果來改變程式之執行順序的程式碼，就稱為條件分岐。

3-3　input 函式

　　在「ex3-1.py」與「ex3-2.py」中，聚餐成員數（member 變數）的指定都是於程式編輯階段就設定好，這樣的程式互動性不高。為擴充程式的互動性，或許也可以在程式的執行階段再來設定 member 變數的值。此時，就須使用 Python 的內建函式「input()」了。

　　input() 函式允許使用者於程式執行階段，透過「標準輸入」裝置（例如：鍵盤）來輸入資料。input() 函式的語法為：

語法	變數名 = input([提示字串])

　　input() 函式內的中括號「[]」代表選項之意,即可設定或不設定皆可。藉由「提示字串」的設定,於執行時可輸出一段訊息,以提示使用者該如何輸入資料。輸入資料後,當使用者再按鍵盤上的「Enter」鍵後,即代表輸入完成。此時,input() 函式就會擷取使用者所輸入的資料,並將該資料儲存於所設定的變數名稱中。

　　以本節中的範例而言,可以這樣來修改程式:

程式檔	ex3-3.py
1	member = int(input('請輸入聚餐時,預定的參加人數:'))
2	restaurant = 'A'
3	if member >= 6:
4	restaurant = 'B'
5	
6	print('今天就去 {} 餐廳吧!' . format(restaurant))
執行結果	
1	請輸入聚餐時,預定的參加人數:8 今天就去 B 餐廳吧!
2	請輸入聚餐時,預定的參加人數:5 今天就去 A 餐廳吧!

　　「ex3-3.py」執行時,將允許使用者藉由鍵盤輸入聚餐成員數(運用 input() 函式),輸入後,input() 函式所擷取的資料屬字串型態,故必須再使用「int()」函式將資料型態轉換為整數型態,這樣所輸入的資料才能於條件運算式中進行比較。

3-4　條件運算式的組成

　　if 敘述中的條件運算式是由關係運算子或邏輯運算子所組合建立而成的。關係運算子會比較兩個運算式，若比較結果正確，則會傳回 bool 型態的「True」值，否則將傳回 bool 型態的「False」值。而邏輯運算子則較爲複雜，它通常用於結合多個比較運算式來綜合得到最終的比較結果。關係運算子或邏輯運算子的意義與範例，如表 3-1 與表 3-2 所示。

表 3-1　關係運算子

運算子	意義	範例	範例結果
==	運算式 1 是否等於運算式 2	(3+4 == 2+5)	True
		(6+4 == 2+7)	False
!=	運算式 1 是否不等於運算式 2	(3+4 != 1+5)	True
		(6+4 != 5+5)	False
>	運算式 1 是否大於運算式 2	(3+4 > 1+5)	True
		(6+4 > 5+5)	False
<	運算式 1 是否小於運算式 2	(3+4 < 2+7)	True
		(6+4 < 2+7)	False
>=	運算式 1 是否大於或等於運算式 2	(6+4 >= 5+5)	True
		(3+4 >= 2+7)	False
<=	運算式 1 是否小於或等於運算式 2	(6+3 <= 5+5)	True
		(3+4 <= 2+3)	False
is	比較物件是否相同	a is b	a 與 b 若屬相同物件則傳回 True
is not	比較物件是否不相同	a is not b	a 與 b 若屬不同物件則傳回 True
in	確定某元素是否包含於字串或串列中	'b' in 'abcd'	True
		'e' in 'abcd'	False
not in	確定某元素是否不包含於字串或串列中	'e' not in 'abcd'	True
		'b' not in 'abcd'	False

表 3-2　邏輯運算子

運算子	意義	範例	範例結果
not	傳回與原來比較結果相反的值，即： 原來比較結果為 True 時，就傳回 False。 原來比較結果為 False 時，就傳回 True。	not(6>9)	True
		not(6<9)	False
and	只有當「and」之左、右邊的比較結果，全為 True 時，才傳回 True；否則，其餘情況皆傳回 False。	(3<4) and (1<5)	True
		(3<4) and (1>5)	False
or	只有當「or」之左、右邊的比較結果，全為 False 時，才傳回 False；否則，其餘情況皆傳回 True。亦即，只要有一邊的比較結果為 True 時，就可傳回 True。	(3<4) or (1>5)	True
		(3>4) or (1>5)	False

3-5　多向的條件分岐

　　除了前面所說明的「if 條件運算式 :」之語法外，也可以將「elif 條件運算式：」、「else:」等語法添加到 if 敘述當中，而形成多向的條件分岐。我們來看看這種多向的條件分岐之語法。

語法	if 條件運算式1:
	　　處理1
	elif 條件運算式2:
	　　處理2
	elif 條件運算式3:
	　　處理3
	else:
	　　處理4

　　elif 即為 else if 的簡寫，若程式須用到多向條件分岐時，就須使用到「elif 條件運算式：」，且它必須跟隨在「if 條件運算式：」之後，不能單獨存在。它

的意義爲：如果「條件運算式1」不成立，就檢查「條件運算式2」是否成立。如果「條件運算式2」也不成立，那麼就再檢驗「條件運算式3」是否成立。若「條件運算式3」成立，則執行「處理3」，然後跳出 if 敘述；否則（else）即執行「處理4」，再跳出 if 敘述。

　　當然，多向的條件分岐往往相當複雜，通常程式設計師會使用流程圖（flow chat）的方式來輔助描述多向分岐的狀況，若以前述語法中的多向分岐爲例，其流程圖即如圖 3-1 所示。

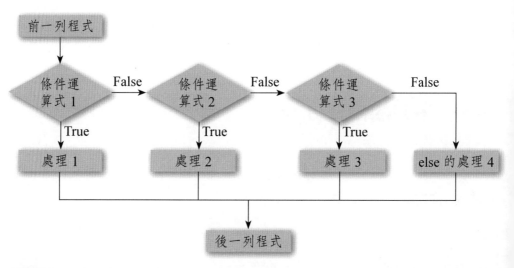

圖 3-1　多向分岐的流程圖

　　接下來，再來看一個實際的例子。我們將試著讓條件複雜化，以決定到底是要到哪家餐廳享用晚餐。

　　☞ 如果只是自己去用餐，那麼就到 A 餐廳。
　　☞ 如果共有 2 人的話，則到 B 餐廳。
　　☞ 3 到 4 人的話，就到 C 餐廳。
　　☞ 其它情況（5 人（含）以上），即選擇 D 餐廳。

使用 Python 來編寫程式碼的話，其完整程式碼，如下：

程式檔	ex3-4.py
1	member = int(input('請輸入用餐總人數：'))
2	if member == 1:
3	restaurant = 'A'
4	elif member == 2:
5	restaurant = 'B'
6	elif member <= 4:
7	restaurant = 'C'
8	else:
9	restaurant = 'D'
10	
11	print('今天就去 {} 餐廳吧！' . format(restaurant))
執行結果	
1	請輸入用餐總人數：2 今天就去 B 餐廳吧！
2	請輸入用餐總人數：8 今天就去 D 餐廳吧！

　　嘗試執行「ex3-4.py」看看，觀察輸入「用餐總人數」後，所得到的結果是否如你的預期。

3-5-1　if 敘述的巢套技術

　　在某些情況下，有時也需要透過組合多個條件分岐來進行決策。例如：選擇餐廳時，不僅只考慮到用餐的總人數，還要再考慮今天到底是星期幾。這個邏輯

就稍微複雜點了，我們將透過以下兩種方式來實現。

☞ if 敘述中巢套（nest）另一個 if 敘述。

☞ 在一個 if 敘述中，組合多個條件運算式。

在此將以一個範例來說明「if 敘述的巢套技術」。先來看看我們選擇餐廳的各種前提條件：

條件 1：如果用餐總人數在 4 人（含）以上，由於 A 餐廳星期一公休，因此只要不是星期一，就選擇去 A 餐廳用餐；而如果是星期一的話，那麼就去 B 餐廳。

條件 2：如果用餐總人數在少於 4 人時，就選擇去 C 餐廳用餐。

上述的決策過程，編輯成 Python 程式碼的話，就如「ex3-5.py」。

程式檔	ex3-5.py
1	member = int(input('請輸入用餐總人數：'))
2	today = input('請輸入今天星期幾（英文）：').lower()
3	if member >= 4:
4	if today != 'monday':
5	restaurant = 'A'
6	else:
7	restaurant = 'B'
8	else:
9	restaurant = 'C'
10	
11	print('今天就去 {} 餐廳吧！'. format(restaurant))
執行結果	
1	請輸入用餐總人數: 5 請輸入今天星期幾（英文）: Monday 今天就去 B 餐廳吧！

| 2 | 請輸入用餐總人數: 6
請輸入今天星期幾（英文）: Sunday
今天就去 A 餐廳吧！ |

　　在使用巢套技術時，if 敘述中可以包含另一個 if 敘述。在上面的例子中，僅當用餐總人數超過 4 人時，我們才須要去判斷今天星期幾，以避開 A 餐廳的公休日。這樣的過程可以簡單的發現「條件中尚包含其它條件」，因此「ex3-5.py」運用了 if 敘述的巢套技術來實現。須特別注意的是，進行巢套技術也須遵守 Python 的內縮原則。

　　此外，使用者的輸入狀況是很難以掌握的，尤其是英文輸入時的大、小寫問題。由於 Python 會將英文的大寫與小寫視為不同，因此就必須有個機制來處理英文的大、小寫問題。在此，於程式碼的第 2 行中，我們使用了「lower()」方法，代表不管使用者怎麼輸入，輸入內容都會被轉為小寫。這樣就可輕易解決英文的大、小寫問題了。

3-5-2　組合多個條件運算式

　　在 if 敘述中，也可以將兩個或更多個條件運算式組合起來。例如：考慮以下選擇餐廳的前提條件。

　　條件 1：如果用餐總人數少於 4 人（含）而且不是星期一（A 餐廳的公休日）
　　　　　的話，就決定到 A 餐廳用餐。

　　條件 2：其它情形下，就去 B 餐廳用餐（不是公休日，人多也無所謂）。

　　上述的決策過程，編輯成 Python 程式碼的話，就如「ex3-6.py」。

程式檔	ex3-6.py
1	member = int(input('請輸入用餐總人數：'))
2	today = input('請輸入今天星期幾（英文）：')

3	if member <= 4 and today != 'Monday':
4	restaurant = 'A'
5	else:
6	restaurant = 'B'
7	
8	print('今天就去 {} 餐廳吧！' . format(restaurant))
執行結果	
1	請輸入用餐總人數: 3 請輸入今天星期幾（英文）：Monday 今天就去 B 餐廳吧！
2	請輸入用餐總人數: 3 請輸入今天星期幾（英文）：Sunday 今天就去 A 餐廳吧！

在「ex3-6.py」中的if敘述中，條件運算式利用邏輯運算子「and」將「member <= 4」與「today != 'Monday'」等兩條件組合起來。使用邏輯運算子「and」時，「and」前、後的條件必須都為「True」，這樣整體的條件運算式才會傳回「True」（如表 3-3）。相反的，如果任何一個條件為「False」時，則整個條件運算式將傳回「False」。在「ex3-6.py」的第一個執行執行結果中，「用餐總人數：3」雖然傳回「True」；但是「today != 'Monday'」為「False」，因此條件運算式將傳回「False」，所以該去它 B 餐廳用餐。

表 3-3　邏輯運算子「and」的決策結果

		條件 B	
		True	False
條件 A	True	◯	✕
	False	✕	✕

　　其次，如果你期望組合多個條件運算式後，這些條件運算式中，只要有一個能為「True」時，那麼整體條件運算式就可以傳回「True」的話，這時就可使用邏輯運算子「or」來組合這些條件了。例如：

```
>>> member = 5
>>> today = 'Sunday'
>>> member <= 4 or today != 'Monday'
True
```

　　第 3 行中，使用邏輯運算子「or」組合了「member <= 4」與「today != 'Monday'」等兩個條件運算式，使用邏輯運算子「or」時，「or」前、後的條件只要有一個為「True」，組合後的整體條件運算式就會傳回「True」（如表 3-4）。在這種情況下，由於用餐總人數為 5 人，因此第 3 行的第一個條件運算式「member <= 4」為 False，但由於第二個條件運算式「today != 'Monday'」為 True，因此對於整體條件運算式「member <= 4 or today != 'Monday'」而言，它將傳回 True。

表 3-4　邏輯運算子「or」的決策結果

		條件 B	
		True	False
條件 A	True	◯	◯
	False	◯	✕

　　當條件式很複雜或屬複合型條件時，常常會讓程式設計者於程式設計初期覺得不知所措。這時，若能冷靜下來，運用「在什麼條件下，該執行什麼處理」的語句訣竅，以釐清各處理的前提條件，然後嚐試逐條的把它寫在紙上，或轉化成流程圖。這樣，再困難的邏輯性問題，就都可迎刃而解了。

習 題

1. 請設計一程式，提示「請輸入你要爬取的頁數：」，然後由使用者透過鍵盤輸入後，請判斷使用者是輸入了空白「"」、非數字的字串或數字，並顯示輸入內容的相關訊息。例如：若輸入了空白，則顯示「你輸入了空白喔！」。

2. 請設計一程式，提示「請輸入你要爬取的頁數：」，然後由使用者透過鍵盤輸入後，若所輸入的內容不是數字的話，則顯示錯誤訊息「頁數輸入錯誤！」；而若輸入正確的話，則顯示「你想爬取 [輸入值] 頁」。

3. 某超商之工讀生，每週的總工資計算原則為：若每週總工時不超過 40 小時（含），則每小時工資為 150 元；超過 40 小時的部分則每小時工資為原每小時工資的 1.5 倍。請設計一程式，分別提示「請輸入每週之工作時數：」與「請輸入每小時的工資：」，然後由使用者透過鍵盤輸入後，而計算工讀生每週的總工資（輸出訊息為：每小時工資 $ 150.00，工作 30.0 小時，總工資為：$ 4500.00。）。

4. 一個學生要有資格從芝加哥大學畢業的話，必須要修滿 120 個學分（credits）和至少 2.0 的成績平均績點（Grade Point Average, GPA）。請設計一程式，分別提示「你目前已修了多少學分？」與「你的 GPA 為？」，然後由使用者透過鍵盤輸入後，而判斷某學生是否有資格從芝加哥大學畢業。若可畢業的話，請輸出訊息「達標！你有資格畢業了！」；否則，請輸出訊息「再努力！你尚未具畢業資格！」。

5. 請設計一程式，提示「請輸入正整數：」，然後由使用者透過鍵盤輸入後，判斷所輸入的正整數為奇數或偶數。輸入時，須設計防呆機制，以防使用者亂輸入。輸出時，請顯示「輸入錯誤！」、「28 為偶數」或「15 為奇數」等相關訊息。

6. 某快遞公司計算遞送小包裹之服務費的原則為：該快遞公司只接受重量在 1000 克（含）以下的小包裹，當包裹未超過 300 克（含）時，統一收取服務

費 100 元；而後，每超過 100 克（四捨五入）收取服務費 40 元。請設計一程式，提示「請輸入小包裹的重量：」，然後由使用者透過鍵盤輸入後，計算遞送小包裹之服務費。輸出時，請顯示「遞送 500 克重之小包裹的服務費為：180 元。」或「小包裹超重了！」等相關訊息。

Chapter

04

串列與迴圈

　　將條件分岐的概念運用於程式設計上，顯著地擴大了程式碼可解決的問題範圍。接著，若再能學習好迴圈技術的話，那麼未來所遇到的更複雜問題，也應可迎刃而解。

4-1　串列的意義與操作

　　所謂迴圈（loop）即是一種以遞迴方式反覆處理事件（程式區塊）的疊代（iteration）過程。在學習迴圈之前，讓我們先來了解串列（list）物件。串列（又稱為清單或列表）在其它的程式語言中通常被稱為陣列（array）。串列就像是一個容器，可以儲存多個物件（如：字串或數值）。顧名思義，串列內的資料會按順序排列，存取時也可以按照其排列的順序來進行處理。如果想用遞迴方式（迴圈）來處理多個資料時，串列物件就是一種非常有用的資料型態。

　　每個串列都須具有獨特的名稱，以作為識別之用。而串列中那些按照順序排列的各個資料，就稱之為「元素」（element）。當要存取串列中的特定元素的話，那麼就需要去了解該資料在串列中的「位置」，這個「位置」通常會以「索引」（index）稱之。建立串列時，須將元素按順序置入於半形中括號「[]」內，且元素間須以半形逗號「,」分隔，其語法如下：

語法	串列變數 = [元素1, 元素2, 元素3, ...]

　　元素的資料型態可以是任何型態的資料，也可以混合使用兩種或更多種的資料型態。元素用逗號分隔，但不須要在最後一個元素後追加逗號（儘管它不會導致報錯）。此外，為了使程式碼更易於閱讀，在逗號之後也可加上一個半形的空格，然後再加上其後的串列元素，但此空格若覺得並不需要，也可以省略，就來看看一些例子吧！

```
>>> #製作元素全都屬int型態的串列
>>> number = [1, 2, 3, 4, 5]

>>> #製作元素全都屬str型態的串列
>>> fruits = ['香蕉', '鳳梨', '芒果']

>>> #製作混合int型態、str型態、float型態之元素的串列
>>> data = ['身高', 168, '體重', 56.8]

>>> #串列中也可包含其它串列
>>> fruits = [1, 'apple', [2, 'orange']]
```

　　如何查看串列中的每個元素資料呢？讓我們看看當 fruits 串列變數中具有兩個字串元素的例子。

```
>>> fruits = ['apple', 'orange']
>>> print(fruits[0])
apple
>>> print(fruits[1])
orange
```

　　在 print() 函式中，於代表串列的變數名稱後加上 [0] 或 [1] 之類的記號，就可查看串列中的每個資料。這些記號就是串列的索引。該索引會從 0 開始並遞增 1。如果 fruits 變數中有 3 個元素，則可以在 fruits[2] 中查看或調用第 3 個元素，如果嘗試調用不存在的索引，會發生什麼狀況呢？如下例所示：

```
>>> fruits = ['apple', 'orange']
>>> print(fruits[2])
Traceback (most recent call last):
   File "<stdin>", line 1, in <module>
IndexError: list index out of range
```

　　當然就是馬上報錯。同時會提示產生之錯誤類別（本例為 IndexError，索引錯誤之意），並且會在錯誤類別之後更清楚的顯示出錯誤的原因。以本例而言，錯誤的原因就是「list index out of range」（串列索引超出範圍）。在這種情況下，如果在串列中再新增一個元素，那麼 fruits[2] 就可以合法使用了。因此，我們將使用 append() 方法，以便能在串列的末尾新增一個元素。append() 方法是串列物件本身所具有的方法，可以將元素新增到串列的末尾。其語法如下：

語法	串列物件.append（新增的元素）

```
>>> fruits = ['apple', 'orange']
>>> fruits.append('mango')
>>> print(fruits[2])
mango
```

　　上面的程式碼中，我們將串列儲存在 fruits 變數中。然後在串列末尾新增一個元素（mango），這樣利用「fruits[2]」就可存取到第 3 個元素了。既然，串列是儲存在 fruits 變數中，那當然也可以使用此變數，然後透過指定索引的方式來更元素內容。

```
>>> fruits = ['apple', 'orange']
>>> fruits[1] = 'banana'
>>> print(fruits[1])
banana
```

　　而如果要確認某特定元素是否包含在串列中時，可使用 in 運算子。in 運算子使用「特定元素 in 串列」的方式再配合「if 敘述」，就可檢查串列中是否含有該特定元素，如果該特定元素存在則傳回「True」，否則就傳回「False」。其語法如下：

語法	if 特定元素 in 串列物件:

此外，相對於 in 運算子，如果想要當串列中「沒有包含」某特定元素時，能傳回「True」，而「有包含」時，則傳回「False」，那麼就應該「not in」運算子。

程式檔	ex4-1.py
1	fruits = ['apple', 'orange']
2	fruit = input('請輸入水果名稱: ')
3	if fruit in fruits:
4	print('{} 已存在串列中！'. format(fruit))
5	else:
6	print('{} 不存在目前串列中！'. format(fruit))
7	fruits.append(fruit)
8	print('但已將 {} 加入串列了！'. format(fruit))
執行結果	
1	請輸入水果名稱: apple apple 已存在串列中！
2	請輸入水果名稱: mango mango 不存在目前串列中！ 但已將 mango 加入串列了！

「ex4-1.py」這個程式並不難理解。在「ex4-1.py」中，使用「if fruit in fruits:」來檢查所輸入的水果名稱（fruit）是否已包含在目前的串列（fruits）中，如果沒有的話，就將該水果新增到串列中。

4-2 for 迴圈

顧名思義，迴圈（loop）就是一種重複處理的過程。當然，完全重複同樣的事情並不聰明，因此更精準的說法應該是：「使用相同的方式來處理不同的資料」。在 Python 中迴圈可分為兩種形式，一為 for 迴圈；另一為 while 迴圈。

for 迴圈：當要重複處理相同事件的次數為固定時，就可使用 for 迴圈。

while 迴圈：當須依照特定條件，才決定是否執行重複處理時，就須使用 while 迴圈。明顯的，在 while 迴圈中，重複處理相同事件的次數並不固定，完全依特定條件的成立與否來決定。

在本小節中，我們將先來介紹 for 迴圈的用法。首先，利用迴圈（重複處理）的概念，來改寫先前顯示串列中所有元素的過程。for 迴圈的語法如下：

語法	for 變數 in 具有索引的物件： 　　重複性的處理(程式區塊)

程式檔	ex4-2.py
1	fruits = ['apple', 'orange']
2	for fruit in fruits:
3	print(fruit)
執行結果	
1	apple orange

讓我們來看看執行「ex4-2.py」後發生了什麼事。「ex4-2.py」的程式碼中只有一個列印「print()」函式，但它卻顯示了兩個不同的字串。可見「print()」函式已被執行了兩次。這應該很容易理解，因為「for fruit in fruits:」這個敘述指

示程式必須進行「print()」的重複處理。

　　再來觀察一下 for 迴圈的處理過程。目前串列 fruits 中，只包含了兩個字串 apple 和 orange。但是如果你再新增一個字串，然後再套用「ex4-2.py」。執行後，應該會顯示出三個不同的字串吧！我們來試試吧！

程式檔	ex4-3.py
1	fruits = ['apple', 'orange', 'mango']
2	for fruit in fruits:
3	print(fruit)
執行結果	
1	apple orange mango

　　猜測似乎成眞了。從這個觀察中，我可以理解兩件事：

　　1. print() 的執行次數與串列 fruits 中所包含的元素個數相同。

　　2. 雖然程式只寫「print(fruit)」，但卻可顯示出不同的字串。

　　顯然，「for fruit in fruits:」這行程式完成了上述兩件事。這就是 for 迴圈的功用。與先前的 if 敘述一樣，代表重複處理的程式區塊必須內縮。且重複次數會等於串列之元素個數。

　　在「ex4-3.py」中，「for fruit in fruits:」促使 fruits 串列中的元素會隨著每次迴圈的更迭，而逐個在迴圈變數中被調用。換句話說，在上面的例子中，實際的運作是：第一次迴圈「fruit ='apple'」、第二次迴圈就變成「fruit ='orange'」，而第三次迴圈「fruit ='mango'」。因此，縱使迴圈內皆處理相同的事件「print(fruit)」，其顯示的結果當然也會有所差異。

　　透過這樣的方式，利用迴圈就能夠簡潔地編寫出能顯示出串列中各元素的程

式，真是令人讚嘆！試想，如果嘗試不使用迴圈的情況下，來編寫具有上述功能的程式，那麼程式就會隨著串列之元素個數的增加而變得相當長；此外，更令人擔心的是，若以 input() 的方式來決定串列之元素個數時，由於執行前的編寫程式階段，尚無法得知串列之元素個數，因此，到底要編寫幾次 print()，也就不得而知了！但是，在這種情況下，若使用 for 迴圈，那麼所有的問題就都可迎刃而解了。

4-3　for 迴圈和 if 敘述的組合運用

在 for 迴圈中，若能再搭配 if 敘述的組合運用，將可處理更複雜的事件。到目前為止，我們只學會透過 for 迴圈來無條件的逐一顯示出串列之各元素內容。接下來，為讓程式邏輯更複雜點，於顯示的過程，將增加一些條件。

程式檔	ex4-4.py
1	numbers = [1, 2, 3, 4, 5, 6]
2	for number in numbers:
3	if number % 2 ==1:
4	print(number)
執行結果	
1	1 3 5

在「ex4-4.py」中，隨著每次 for 迴圈的更迭，變數 number 的值逐次的從 1 變換到 6。程式進到迴圈後，利用 if 敘述判斷條件運算式（number % 2 ==1）是否為「True」。如果條件運算式為「True」，表示 number 除 2 時會餘 1（即

number 為奇數之意），然後就執行「print(number)」，將奇數顯示出來。偶數
（number % 2 = 0）的話，就不須顯示，且程式馬上回到 for 迴圈的進入點，重
複此過程，直到 numbers 串列內的所有元素都被存取過（遍歷）為止。

　　接下來，我們來擴充「ex4-4.py」的功能，在此將新建一個串列（命名為
odd_num）以儲存所有的奇數。

程式檔	ex4-5.py
1	numbers = [1, 2, 3, 4, 5, 6]
2	odd_num = []
3	for number in numbers:
4	if number % 2 ==1:
5	odd_num.append(number)
6	
7	print(odd_num)
執行結果	
1	[1, 3, 5]

　　雖然「ex4-5.py」的程式碼看起來是有點複雜，但是說實在的，所有的東西
都是我們已學過的，只是把它們組合起來罷了！為了能達成將奇數儲存起來的目
的，在 for 迴圈之外，必須事先定義好未來能儲存奇數的串列變數，並初始化為
空串列，如 odd_num = []。然後在 for 迴圈中巢套 if 敘述，以輔助從 numbers 串
列的 6 個元素（number）中挑選出奇數，這些符合奇數條件的 number 變數，再
以 append() 方法將之依序存放於「odd_num」這個串列中。待執行完所有的迴
圈，意即脫離迴圈後，再將「odd_num」串列的內容顯示出來。

　　再讓程式更複雜一點好了，我們將把奇、偶數分別儲存在各自的串列中。

程式檔	ex4-6.py
1	numbers = [1, 2, 3, 4, 5, 6]
2	odd_num = []
3	even_num = []
4	for number in numbers:
5	if number % 2 ==1:
6	odd_num.append(number)
7	else:
8	even_num.append(number)
9	
10	print(odd_num)
11	print(even_num)
執行結果	
1	[1, 3, 5] [2, 4, 6]

　　「ex4-6.py」的結果正如我們所預期的，確實已能把奇、偶數分別儲存在各自的串列中了。以這種方式組合 for 迴圈再搭配 if 敘述的方式，就可以編寫出頗為複雜的程式，希望未來讀者亦能善用此技術於自己所編寫的程式中。

4-4　range() 函式

　　range() 函式為 Python 的內建函式，它可回傳一個循序整數串列。其語法如下：

語法	變數 = range(起始值 , 終止值[, 間隔值])

　　語法中的「[]」代表間隔值的設定是可選的（可有可無之意），range() 函式的用法大致可分為三種，如表 4-1。

表 4-1　range() 的使用方法

使用方法	範例	執行結果
range(終止值) 當 range() 函式只有設定一個參數時，此參數即代表「終止值」。也就是說不指定「起始值」與「間隔值」參數了。此時，「起始值」就會預設為 0；而「間隔值」則預設為遞增 1。因此，將傳回一個從 0 開始、遞增 1、至「終止值 -1」的循序整數串列。	for i in range(5): 　　print(i)	0 1 2 3 4
range(起始值 , 終止值) 當 range() 函式中只設定了 2 個參數時，即代表指定了「起始值」與「終止值」參數。在這種沒有設定「間隔值」的情形下，「間隔值」會被預設為遞增 1。因此 range() 將傳回一個從「起始值」開始、遞增 1、至「終止值 -1」的循序整數串列。	for i in range(2, 6): 　　print(i)	2 3 4 5
	for i in range(6, 2): 　　print(i)	起始值不可能遞增至終止值 -1。故將傳回空串列 []。
range(起始值 , 終止值 , 間隔值) range() 函式指定了「起始值」、「終止值」與「間隔值」等三個參數。在這種情形下，將傳回一個從「起始值」開始、遞增「間隔值」、至「終止值 -1」的循序整數串列。「間隔值」若為負數，代表遞減。	for i in range(2, 10, 3): 　　print(i)	2 5 8
	for i in range(2, 10, -3): 　　print(i)	起始值不可能遞減至終止值 -1。故將傳回空串列 []。
	for i in range(10, 2, -2): 　　print(i)	10 8 6 4

我們再來看看「range（終止值）」的使用方法。當「range（終止值）」配合 for 迴圈來使用時，似乎可以把「range（終止值）」當成是迴圈的計數器來使用，這將是很有趣的事情。例如：

程式檔	ex4-7.py
1	# 求2的次方
2	terms = int(input('請輸入次方項: '))
3	
4	for i in range(terms+1):
5	print('2 的', i, ' 次方 =', 2 ** i)
執行結果	
1	請輸入次方項: 5 2 的 0 次方 = 1 2 的 1 次方 = 2 2 的 2 次方 = 4 2 的 3 次方 = 8 2 的 4 次方 = 16 2 的 5 次方 = 32

在「ex4-7.py」中，「range(terms+1)」就扮演著如同計數器的功能，並且是個固定次數的計數器。「range(terms+1)」將儲存 0, 1, 2, 3, 4, 5 等值，在第一次迴圈中，0 將指定給計數變數 i，接著計算 2 的 i 次方並顯示出來，然後結束第一次迴圈。

再次返回 for 迴圈時，「range(terms+1)」物件的第二個值 1 被指定給計數變數 i，並執行相同的程式區塊後，再次回到 for 迴圈。當最後的值 5 被指定給計數變數 i，並執行相同的程式區塊後，欲返回到下一個 for 迴圈時，「range(terms+1)」物件是空的，因此 for 迴圈就此結束。

4-5　亂數的運用

　　程式常需要一些隨機性，尤其是在編寫遊戲程式時。而用來產生隨機性的方式之一，就是利用亂數。例如：若要寫個撲克牌程式，為了要能公正地洗牌，就需要亂數來協助了，比如先隨機性地產生兩個不大於 52 且不重複的正整數，然後調換兩個牌的位置，最後再重複進行這個動作 n 次，就可說是「完全地」洗牌了。

　　Python 程式可透過其內建的 random 模組之匯入動作（import）而具有亂數功能。首先利用「import random」敘述進行 random 模組之匯入，以讓程式有隨機性功能，random 模組的隨機性功能相當多樣化，例如：若呼叫「random. randint(a, b)」函式時，就可產生介於 a 到 b（包含 a 與 b）的隨機整數值。

　　「import」匯入模組的語法會在後續的章節中進行完整的說明，在此，讀者只要先理解利用「import random」就可引用諸多隨機性功能就好。表 4-2 列出了一些常見的隨機性功能，供讀者參考。至於 random 模組所提供的其它隨機性功能，讀者亦可至「The Python Standard Library」的「9.6. random」節查詢。「The Python Standard Library」的網址如下：

　　網址：https://docs.python.org/3/library/index.html

表 4-2　常見的隨機性函式

功能種類	函式	說明	範例	結果
隨機亂數	random()	回傳 0 到 1 之間的浮點數。	random.random()	0.8480362
	randint(a, b)	回傳 a 到 b 之間的整數。	random.randint(1, 100)	48
隨機選取	choice(List)	從串列中隨機選取一個資料並回傳。	data = [0, 2, 5, 8] random.choice(data)	2
	sample(List, n)	從串列中隨機選取一組包含 n 個元素的子串列並回傳。	data = [0, 2, 5, 8] random.sample(data, 2)	[2, 8]

功能種類	函式	說明	範例	結果
隨機調換順序	shuffle(List)	將串列的元素隨機調換順序。	data = [0, 2, 5, 8] random. shuffle(data) print(data)	[8, 2, 5, 0]

　　接下來，我們就來運用 random 模組的功能，再配合 for 迴圈、if 敘述的使用，以編寫一些稍微複雜但有趣的程式。在「ex4-8.py」中，將由玩家來猜測電腦隨機性的出拳狀況（剪刀、石頭、布），總共猜 3 次，最後程式將顯示出玩家猜對的總次數。

程式檔	ex4-8.py
1	import random
2	status = ['剪刀', '石頭', '布']
3	# 猜對的次數
4	g_right = 0
5	# 猜電腦的出拳三次
6	for count in range(1,4):
7	# 電腦出拳
8	computer = random.choice(status)
9	# 玩家猜
10	player = status[int(input('\n玩家猜(剪刀-0, 石頭-1, 布-2)：'))]
11	print('\n第 ', count, ' 回合')
12	print('電腦出： ', computer)
13	print('玩家猜： ', player)
14	if player == computer:
15	g_right = g_right + 1
16	print('你猜對了！\n')

17	else:
18	print('你猜錯了！\n')
19	print('你總共猜對了 ', g_right, ' 次\n')
執行結果	
1	第 3 回合 電腦出： 剪刀 玩家猜： 石頭 你猜錯了！ 你總共猜對了 1 次

在「ex4-8.py」中，使用「random.choice(status)」來隨機性的決定電腦的出拳狀況（status 為一個具有 3 個元素的串列），接著利用「for count in range(1,4):」來控制猜測的次數，而迴圈內的程式區塊主要是運用 if 敘述來判斷玩家的猜測是否正確，跳離迴圈後將顯示出猜對的總次數，print() 函式中的「\n」代表「換行」之意。這個不算困難的例子，就已把先前所介紹過的 Python 語法全都整合應用了。

讀者須注意的是，在第 10 行中，玩家只能輸入 0、1、2 等三個數字，且輸入完成後即刻變成 status 串列的索引，因而能決定出玩家出拳的種類。但若此時，玩家搞怪，輸入了 0、1、2 等三個數字以外的數字或字元，那麼顯然的，程式肯定會報錯。當然，這是程式設計上的缺點，因為沒有考慮到「防呆」機制。但若要去解決這問題，也應該不會太困難，就留給讀者去實現吧！

4-6　break 及 continue 命令

迴圈執行過程，若欲中途跳離迴圈時，可使用 break 命令來達到目的。例如：在「ex4-8.py」中，雖然預設玩家可猜 3 次，現在若想將遊戲改為，若玩家

猜中的話，就停止遊戲。在這種情形下，玩家有可能第一次或第二次就猜中，那麼就須停止遊戲，也就是說，程式必須跳離計算次數的迴圈。有這樣的概念後，那麼就來實現它吧！

程式檔	ex4-9.py
1	import random
2	status = ['剪刀', '石頭', '布']
3	
4	# 預設猜電腦的出拳三次
5	for count in range(1,4):
6	# 電腦出拳
7	computer = random.choice(status)
8	# 玩家猜
9	player = status[int(input('\n玩家猜(剪刀-0, 石頭-1, 布-2)：'))]
10	print('\n第 ', count, ' 回合')
11	print('電腦出：', computer)
12	print('玩家猜：', player)
13	if player == computer:
14	print('你猜對了！\n')
15	break
16	else:
17	print('你猜錯了！\n')
18	
19	if count <= 2:
20	print('你第 ', count, ' 回合，就猜對了！')
21	else:

22	print('你第 ', count, ' 回合，才猜對！')
執行結果	
1	第 2 回合 電腦出： 石頭 玩家猜： 石頭 你猜對了！ 你第 2 回合，就猜對了！

　　明顯的，在「ex4-9.py」的第 15 行使用了 break 命令以跳離迴圈。然後執行第 19 行之後的程式。

　　此外，continue 命令的使用時機則為想讓某次執行中的迴圈暫停，重新跳回迴圈的進入點，然後以新的計數繼續執行迴圈。例如：在「ex4-8.py」中，預設玩家可猜 3 次，如果玩家猜測時輸入錯誤，則須重新輸入並算一次猜測失敗，這時就可利用 continue 命令來暫停迴圈，然後返回迴圈進入點，再執行迴圈以重新輸入。當然，此時計數變數 count 也已再累加 1（計數器不會停）。程式碼如「ex4-10.py」。

程式檔	ex4-10.py
1	import random
2	status = ['剪刀', '石頭', '布']
3	# 猜對的次數
4	g_right = 0
5	# 猜電腦的出拳三次
6	for count in range(1,4):
7	# 電腦出拳

8	computer = random.choice(status)
9	# 玩家猜
10	g_status = int(input('\n玩家猜(剪刀-0, 石頭-1, 布-2)：'))
11	if (g_status < 0) or (g_status > 2):
12	print('輸入錯誤，請重新輸入……')
13	print('第 ', count, ' 回合，猜測失敗！')
14	continue
15	player = status[g_status]
16	print('\n第 ', count, ' 回合')
17	print('電腦出： ', computer)
18	print('玩家猜： ', player)
19	if player == computer:
20	g_right = g_right + 1
21	print('你猜對了！\n')
22	else:
23	print('你猜錯了！\n')
24	
25	print('你總共猜對了 ', g_right, ' 次\n')
執行結果	
1	玩家猜(剪刀-0, 石頭-1, 布-2)：5 輸入錯誤，請重新輸入…… 第 1 回合，猜測失敗！

在「ex4-10.py」的第 14 行使用了 continue 命令以暫停迴圈。然後第 6 行的迴圈進入點，同時累加 1，繼續執行迴圈。

4-7　while 迴圈

　　while 迴圈與 for 迴圈相當類似，while 迴圈常用於不固定次數的迴圈。之所以會不固定次數，是因為每次迴圈之開始，都須先檢測條件運算式是否成立，當測試條件為「True」時，就繼續迴圈，當測試條件為「False」時，則結束迴圈。while 迴圈的語法如下：

語法	while 條件運算式: 　　重複性的處理(程式區塊)

　　來寫個猜數字的遊戲吧！猜數字遊戲還記得怎麼玩吧！A 與 B 兩人一起玩猜數字遊戲，A 心中想一個數字，B 猜 A 心中所想的數字，B 每猜一次，A 就回覆「應再猜大一點」、「應再猜小一點」或「猜中了」等提示訊息。當 B 猜到 A 所想的數字時，遊戲就結束。我們就來實現這個猜數字遊戲吧！所猜數字將介於 1 到 100 之間，要猜到中才能結束遊戲喔！運氣不好、技術不好，可是會猜到天荒地老的喔！

程式檔	ex4-11.py
1	import random
2	target = random.randint(1,99) #電腦隨機性的預設一個目標數字
3	#設定玩家猜測之數字的初始值 # 初始值為1到99以外的整數皆可，這樣才能進入迴圈
4	guess = 0
5	count = 0　#計算猜的次數
6	while target != guess:
7	count = count + 1
8	guess = int(input('請輸入1到99的數字: '))

9	if target < guess:
10	print('再猜小一點！')
11	elif target > guess:
12	print('再猜大一點！')
13	else:
14	print('猜中了')
15	print('你總計猜了 ', count, ' 次！')
執行結果	
1	請輸入1到99的數字: 18 再猜大一點！ 請輸入1到99的數字: 21 猜中了 你總計猜了 2 次！

在「ex4-11.py」的第 2 行，使用模組 random 的函式 randint 產生 1 到 99 的隨機數值，並指定給變數 target。初始化變數 guess 為 0 的目的在於能讓程式進入迴圈（因為 guess 與 target 絕不會相等）。迴圈中的程式區塊則是猜數字遊戲的邏輯主體，程式碼並不難，應該很容易理解。由於重複執行程式區塊的次數並不固定，因此應用了 while 迴圈。只要條件運算式「target != guess」為「True」，迴圈就不會停止。換句話說，猜對了時，target 會等於 guess，那麼就得跳離迴圈了。

在某些場合下，於 while 迴圈中，也可設計一些機制讓程式強迫退出迴圈或暫停迴圈，這時當然就須用到前一節所說明的 break 及 continue 命令了。例如：猜數字遊戲中，這次我們限制只能猜 5 次，猜中就結束遊戲。因此，編寫程式碼時，要特別注意，在猜對時須下 break 命令以便能跳離迴圈。程式碼如「ex4-12.py」。

程式檔	ex4-12.py
1	import random
2	target = random.randint(1, 99)
3	count = 0
4	while count < 5:
5	guess = int(input('請輸入1到99的數字: '))
6	count += 1
7	print ('第 %d 次猜' %count)
8	if guess < target:
9	print ('再猜大一點！\n')
10	elif guess > target:
11	print ('再猜小一點！\n')
12	elif guess == target:
13	print ('你猜中了！你總共猜了 ', str(count) + " 次。\n")
14	break
15	
16	if guess != target:
17	print ('你猜數字的技巧太差了！')
18	print ('目標數字為：', target)
執行結果	
1	請輸入1到99的數字: 25 第 3 次猜 你猜中了！你總共猜了 3 次。

在「ex4-12.py」中，除了學習 while 迴圈控制與 break 命令（第 14 行）外，我們也應用了不少顯示的技巧，如：第 7 行、第 13 行與第 18 行。雖然在第 2

章中也曾介紹過使用 format() 方法來進行資料的格式化顯示，但在第 7 行中的「%d」也是一種 Python 中的參數格式化功能，通常以「%s」代表字串、「%d」代表整數、「%f」代表浮點數。顯示或列印時，使用參數格式化功能的好處為能精確控制列印位置，已讓資料能排列整齊。其語法如下：

語法	print('含%s或%d或%f的字串' %(參數列))

在下面的例子中，將示範以參數格式化方式顯示字串及整數，並且和 format() 方法來進行比較。例如：

```
>>> number = 12
>>> sch_name = '屏東'
>>> title = '國立%s科技大學第%d屆畢業典禮' %( sch_name, number)
>>> print(title)
國立屏東科技大學第12屆畢業典禮
```

```
>>> number = 12
>>> sch_name = '屏東'
>>> title = '國立{}科技大學第{}屆畢業典禮'. format(sch_name, number)
>>> print(title)
國立屏東科技大學第12屆畢業典禮
```

輸出結果顯示，「%」與「format()」的結果並無差異。另外，若欲對輸出格式進行更精確、更一致的控制時，也可在「%」之後加上數字，以控制顯示資料之寬度，例如：

☞%5s：固定列印 5 個字元寬度，若字串少於 5 個字元時，會在字串之頭文字的左方補上空白字元；但若字串大於 5 個字元時，則會全部顯示。

☞%5d：固定列印 5 個字元寬度，若數值少於 5 位數時，會在數值之頭文字的左方補上空白字元；但數值若大於 5 位數時，則會全部顯示。

☞%8.2f：固定列印 8 個字元寬度（含小數點），小數點後之小數位數固定
　　　為 2 位數（即整數有 5 位、小數有 2 位）。若整數的部分小於 5
　　　位數時，會在數值之頭文字的左方補上空白字元；而若小數位數
　　　少於 2 時，則於數值最後方補 0。

讓我們來看看例子吧！

```
>>> temp = 21.8
>>> print('氣溫為%8.2f度'   % temp)
氣溫為    21.80度
```

```
>>> price = 359868
>>> print('價格為%5d元'   % price)
價格為359868元
```

```
>>> sch_name = '屏東'
>>> print('校名為%10s科技大學' % sch_name)
校名為        屏東科技大學
```

上面第一個例子中，數值的頭文字「2」之前，應還有 3 個空白字元。第二
個例子中，由於數值已超過設定的 5 位數，因此全部顯示。第三個例子中，因為
「屏東」為 2 個字元（Python 中，一個中文字算一個字元），欲以 10 個字元來
顯示的話，「屏」的前面應會補上 8 個空白字元。

4-8　進階串列操作

作為 Python 主要的資料儲存容器，串列的應用相當廣泛，因此有許多進階
方法可對串列進行操作，以滿足各種程式設計的需求。表 4-3 即為一些串列常用
的操作方法。

表 4-3　串列的常用方法

方法	意義	範例	結果
list1*n	串列重複 n 次	list1*2	[1, 2, 3, 4, 5, 1, 2, 3, 4, 5]
list1[n1:n2]	取出索引 n1 至 n2-1 間的元素	list1[1:4]	[2, 3, 4]
list1[n1:n2:n3]	以間隔為 n3 的方式，取出索引 n1 至 n2-1 間的元素	list1[1:4:2]	[2, 4]
del list1[n1:n2]	刪除索引 n1 至 n2-1 間的元素	del list1[1:4]	[1, 5]
del list1[n1:n2:n3]	以間隔為 n3 的方式，刪除索引 n1 至 n2-1 間的元素	del list1[1:4:2]	[1, 3, 5]
len(list1)	傳回串列之元素個數	len(list1)	5
min(list1)	傳回串列元素之最小值	min(list1)	1
max(list1)	傳回串列元素之最大值	max(list1)	5
list1.index(x)	傳回元素 x 的索引值	list1.index(4)	3
list1.count(x)	傳回元素 x 於串列中出現的次數	list1.count(4)	1
list1.append(x)	將 x 視為新元素，追加至串列中	list1.append(0)	[1, 2, 3, 4, 5, 0]
list1.extend(list2)	將 list2 中的元素逐一追加至 list1 串列的後方	list1.extend(list2)	[1, 2, 3, 4, 5, 7, 8]
list1.insert(n,x)	在索引值 n-1 的元素後方，插入追加新元素 x	list1.insert(3,8)	[1, 2, 3, 8, 4, 5]
list1.pop()	傳回串列中最後一個元素的值，並將該值從串列中移除	list1.pop()	5 list1=[1, 2, 3, 4]
list1.remove(x)	從串列中移除元素 x	list1.remove(3)	[1, 2, 4, 5]
list1.reverse()	反轉串列的元素順序	list1.reverse()	[5, 4, 3, 2, 1]
list1.sort()	將串列元素以由小到大的方式，重新排列	list1.sort()	[1, 2, 3, 4, 5]

註：list1 = [1, 2, 3, 4, 5]
　　list2 = [7, 8]

4-8-1 串列元素的新增

串列設定初始值後，若要新增元素時，必須使用 append 或 insert 方法。append 方法會將所追加的元素放在串列的最後端；而 insert 方法則會在指定的位置上追加新元素。使用 insert 方法時，要特別注意位置參數的設定，例如：insert(n,x)，n 這個參數所代表的意義為元素在資料序列中的位置，也就是說，第 n 個位置之元素，其索引值應為 n-1 之意。

程式檔	ex4-13.py
1	import random
2	list1 = [1, 3, 5, 7, 9]
3	#完成迴圈後，希望串列的總元素個數為10
4	while len(list1) <= 9:
5	position = random.randint(1, 10)
6	if position >= len(list1):
7	list1.append(0)
8	print (list1)
9	else:
10	list1.insert(position,10)
11	print (list1)
執行結果	
1	[1, 3, 5, 7, 9, 0] [1, 10, 3, 5, 7, 9, 0] [1, 10, 10, 3, 5, 7, 9, 0] [1, 10, 10, 3, 5, 7, 9, 10, 0] [1, 10, 10, 10, 3, 5, 7, 9, 10, 0]

在「ex4-13.py」中,利用「len(list1)」來控制 while 迴圈的執行次數,以亂數取得於串列中欲新增資料的位置(position),如果該位置已超出總元素個數,則以 append 方法於串列最後端追加元素「0」。否則,就以 insert 方法於該位置上追加元素「10」。程式的邏輯相當簡單,主要目的在於使讀者能熟悉於串列中新增資料的方式。

4-8-2 串列元素的移除

串列設定初始值後,若要移除元素時,有三種方法,分別為 del、pop 與 remove 方法。del 方法可直接利用索引值的方式刪除串列元素,其範例如表 4-3 的第 4 行與第 5 行說明。而 pop 方法使用後,將傳回串列中最後一個元素的值,並將該值從串列中移除;remove 方法則會直接從串列中移除所指定的元素,若該指定元素於串列中有複數個時,則將只移除第一個。來看看「ex4-14.py」吧!

程式檔	ex4-14.py
1	list1 = [1, 3, 5, 7, 9]
2	num = list1.pop()
3	print('取出的元素值為: ', num)
4	
5	list1.remove(num)
執行結果	
1	取出的元素值為: 9 Traceback (most recent call last): 　File "ex4-14.py", line 7, in <module> 　　list1.remove(num) ValueError: list.remove(x): x not in list

　　從「ex4-14.py」中，當利用「list1.pop()」傳回串列中最後一個元素的值 (9) 後，確實會立即將該值從串列中移除。所以，再利用「list1.remove(num)」要移除該元素時，由於串列中「9」已不存在，所以報錯，而出現 ValueError 錯誤訊息。

4-8-3　串列元素的取用與修改

　　取用串列元素或修改串列元素時，都必須配合索引值的運用。串列的索引會從 0 開始並遞增 1。「list1[0]」就代表著 list1 的第 1 個元素；而「list1[len(list1)-1]」就代表著 list1 的最後一個元素。至於要取用子串列則可使用「list1[n1:n2]」的方式，相關說明請參考表 4-3 的第 2 行與第 3 行。取用時，語法如下：

語法	變數名 = list[索引值] 串列名 = list[索引值1: 索引值2]

　　而欲修改串列元素時，只要善用下列語法即可：

語法	list[索引值] = 新值

　　來看看以下的範例吧！

程式檔	ex4-15.py
1	list1 = [1, 3, 5, 7, 9]
2	print('原始串列：', list1)
3	count = 0
4	while count < len(list1):
5	list1[count] = list1[count]**2

6	# count 累加 1
7	count += 1
8	print('新的串列：', list1)
執行結果	
1	原始串列：　[1, 3, 5, 7, 9] 新的串列：　[1, 9, 25, 49, 81]

在「ex4-15.py」中，使用 while 迴圈依序取用串列 list1 的元素值，待取出每個元素（list1[count]）的內容後，即修改成「list1[count]**2」（即變成 2 次方）。count 為迴圈計數器，除可當串列的索引值外，也可用當成是跳出迴圈的機制。特別注意的是，count 具有索引值的含意，故須先初始化為 0。此外，當 count 大於串列之總元素個數時，即可跳出 while 迴圈。

當然，上述的程式碼使用了 while 迴圈來遍歷串列中的所有元素，但這不是一個好方法。因為編輯程式時，我們還得去留意串列到底有幾個元素或計數值的問題。故最好的遍歷技巧，還是使用 for 迴圈較佳，如「for element in list」這樣的遍歷方式。

習　題

1. 請設計一程式，提示「請輸入一個數字：」，然後由使用者透過鍵盤輸入正整數後，輸出該數字的所有因素。輸入時，須設計防呆機制，以防使用者亂輸入。輸出時，請顯示「輸入錯誤！」、「8 的因素有：2，4」或「19 是個質數」等相關訊息。

2. 請設計一程式，提示使用者可透過鍵盤輸入「起始數值」與「終止數值」後，找出介於「起始數值」與「終止數值」間的所有質數。

3. 請設計一程式，提示使用者可透過鍵盤輸入「兩個數值」後，找出該兩個數值的最小公倍數（LCM）。

4. 請設計一程式，提示使用者可透過鍵盤輸入「兩個數值」後，找出該兩個數值的最大公因數（GCD）。（匯入 math 模組會比較簡單）

5. 請設計一程式，可以由使用者決定串列的元素總個數後，依元素總個數逐次輸入各元素值，然後找出這些元素中的最大值。

6. 請設計一程式，可以由使用者決定串列的元素總個數後，依元素總個數逐次輸入各元素值，然後串列中的第一個元素與最後一個元素對調。

7. 請設計一程式，可隨機產生從 1 到 25 間的亂數，並將其追加到串列中。（須匯入 random 模組）

8. 請建立一個字串變數（str），其內容為「出版日期：2018-10-10」。試將該字串變數中的數字部分抽離，然後追加到串列中，並印出。

9. 在 Python 中，也可以使用嵌套串列（nested list，串列中有串列）方式，製作出矩陣。在嵌套串列中，我們可以將串列中的每個元素視為矩陣的一列。例如：X = [[1, 2], [4, 5], [3, 6]] 即代表這是一個 3x2 矩陣（3 列 2 行矩陣）。第一列元素使用 X[0] 即可調用；而第一列、第一行元素則須使用 X[0][0] 才能調用。

現給定兩個矩陣 X = [[9,7,3], [4,5,6], [7,5,9]] 與 Y = [[9,8,1], [6,8,3], [6,5,9]]，

請利用巢狀迴圈技術，設計一程式以求取兩矩陣相加後的結果。

10. 現給定兩個矩陣 X = [[9,7,3], [4,5,6], [7,5,9]] 與 Y = [[9,8,1], [6,8,3], [6,5,9]]，請利用巢狀迴圈技術，設計一程式以求取兩矩陣相乘後的結果。

Chapter

05

元組、字典與集合

　　到目前為止，我們所學到的內容，已經可以應付許多的處理工作了。但是為了讓程式更具有處理資料的能力，還有更多的資料類型尚須來學習。Python 的資料儲存容器，可以分為串列（list）、元組（tuple）、字典（dict）與集合（set）等四種，每一種結構都有其適合使用的情況與使用限制。在本章中就來學習串列之外的其它資料型態吧！

　　序列（sequence）是程式設計中經常用到的資料儲存方式。Python 語言提供的序列類型在所有程序設計語言中是最豐富，最靈活，也是功能最強大的。序列是一系列連續值，它們通常是相關的，並且按一定順序排列。Python 中常用的序列結構有串列、元組等。此外，字典是除了串列之外，Python 中最靈活的內建資料結構類型，串列會按順序儲存資料，而字典內的資料並無順序性，它像個小型資料庫，使用鍵（key）的概念，高效率的儲存和檢索資料。最後，集合也是種沒有順序性的資料型態，集合內元素不能重複，故當檢索資料時，亦甚具效率。

5-1　元組

　　元組也是種序列型的資料類型，其結構與串列完全相同，但元組一旦被初始化後，其元素個數與元素值皆不可變更，故元組亦可稱為「不可修改的串列」。

5-1-1 元組的建立

　　元組通常會用小括號將其所屬的元素括起來，且各元素間須用半形逗號「,」加以分隔。其語法為：

語法	元組名 = (元素1, 元素2, 元素3, ...)

```
>>> #製作元素全都屬int型態的元組
>>> number = (1, 2, 3, 4, 5)

>>> #製作元素全都屬str型態的元組
>>> fruits = ('香蕉', '鳳梨', '芒果')

>>> #製作混合int型態、str型態、float型態之元素的元組
>>> data = ('身高', 168, '體重', 56.8)

>>> #元組中也可包含其它元組
>>> fruits = (1, 'apple', (2, 'orange'))
```

　　而當元組中只包含一個元素時，則需要在元素後面添加半形逗號，否則括弧
會被當作運算子使用：

```
>>> #只包含一個元素的元組
>>> tup1 = (50,)
```

5-1-2　提取元組的元素

　　元組也可以使用索引值來提取其元素值，提取時，索引值需用「[ ]」括起
來，如下實例：

程式檔	ex5-1.py
1	num = (1, 3, 5, 7, 9)
2	count = 0
3	while count < len(num):
4	print ('num[',count, ']: ', num[count])
5	count += 1
6	

7	print ("取出子元組 num[2:4]: ", num[2:4])
執行結果	
1	num[0]: 1 num[1]: 3 num[2]: 5 num[3]: 7 num[4]: 9 取出子元組 num[2:4]: (5, 7)

在「ex5-1.py」中，利用「len(num)」偵測元組的總元素個數，以控制 while 迴圈的執行次數。然後再利用索引值依序取用元組（num）中各元素的值。count 為迴圈計數器，除可當元組的索引值外，也可用當成是跳出迴圈的機制。特別注意的是，count 具有索引值的含意，故須先初始化為 0。此外，當 count 大於串列之總元素個數時，即可跳出 while 迴圈（最大索引值為總元素個數 −1）。此外利用「num[2:4]」也可取出元組的部分元素，特別注意的是，「num[2:4]」意指取出「2 ≤ 索引值 < 4」的元素，而組成一個新元組，故傳回值也是屬元組型態。

5-1-3　元組沒有的方法

1. 不能向元組追加元素，所以元組沒有 append、extend、insert 等方法。
2. 不能從元組中刪除元素，所以元組也沒有 remove 或 pop 等方法。
3. 不能在元組中尋找某特定元素是否存在，所以元組也沒有 index 方法（在此，index 是尋找而非索引之意）。

從上述說明不難理解，相對於串列而言，元組的功能受到相當多的限制，故不免讓使用者質疑：「元組存在的價值，到底為何？」其實，Python 的元組型態還是具有下列優點的：

1. 執行速度比串列快：由於元組的元素值不允許改變，故其資料結構相對於串列而言，應較為簡單，故提取時速度較快。

2. 存取元組型態資料較為安全：也因為元素值不允許變更，故不會因程式執行過程中的刻意或疏忽而變更其資料內容，故就資料保全上相對安全。

5-2　字典

字典（簡稱：dict）型態所儲存的資料為一種「鍵（key）」與「值（value）」相對應的資料。也就是說，使用「鍵」就可以搜尋到其所對應的「值」。由於字典儲存資料是沒有順序性的，所以取出字典的所有資料時，其順序不會與建構字典時輸入資料之順序相同。字典中的「鍵」需使用固定的常數值，例如：數字、字串與 tuple 皆可。在操作上也較為靈活，字典可以進行新增、刪除、更新與合併等操作。

5-2-1　字典的建立與提取

使用大括號「{}」即可建立新的字典，字典以「鍵 (key): 值 (value)」的格式代表一個元素，在「鍵」與「值」的中間須用半形冒號「:」加以區隔。其語法如下：

語法	字典名 = {鍵1:值1, 鍵2:值2, 鍵3:值3, ...)

例如：

```
>>> fruits = {'banana':100}
>>> fruits['banana']
100
```

上例中，在第 1 行新建一個只包含一個元素的 fruits 字典，在第 2 行中它使用「fruits['banana']」的方式，就可提取「banana」這個鍵所對應的值「100」。

與串列型態的差異在於：字典型態的資料會使用大括號「{}」括起來，且元素內容有其特殊的格式，即以「鍵：值」的方式來儲存資料（稱一個元素）。鍵就好像是一本實際的字典中的標題，它會對應到其真實值。在本例中，數值 100 就是 ['banana'] 這個鍵的值。如此，功能類似標題的鍵和其所對應的值，就是 Python 中所謂的字典型態之特徵。

要提取某個鍵的值時，須使用「字典名 [key]」這樣的方式。如果字典中包含兩個以上的元素時，那麼就需要用「,」號將各元素隔開。例如：在一個包含兩個元素的字典中，要提取某鍵的值時，作法如下：

```
>>> fruits = {'banana':100, 'apple':150}
>>> fruits['apple']
150
```

5-2-2　字典中元素的新增與修改

在字典中新增元素與修改元素內容的語法如下：

語法	字典名[鍵] = 值

上述語法中，若「鍵」已存在於字典內，則就會變成是修改該鍵所對應的值；若「鍵」不存在於字典內，則新增該鍵與值而形成一個新元素。

```
>>> fruits = {'banana':100, 'apple':150}
>>> fruits['orange'] = 200
>>> fruits
{'banana': 100, 'apple': 150, 'orange': 200}
```

由於字典中不允許有相同的鍵存在，所以如果嘗試以上述方式追加相同鍵的

值時，則 Python 會視爲是要去修改該鍵的值而不是新增。例如：

```
>>> fruits = {'banana':100, 'apple':150, 'orange':200}
>>> fruits['orange'] = 50
>>> fruits
{'banana': 100, 'apple': 150, 'orange': 50}
```

　　如果要確定某元素是否包含在字典中時，也可以使用類似於串列型態中所常見的「in」運算子。但是，由於字典中檢索時只能依據元素的鍵，因此無法直接使用「in」運算子來遍歷（運用 for 迴圈）所有元素的值。

程式檔	ex5-2.py
1	fruits = {'banana':100, 'apple':150, 'orange':200}
2	new_key = input('請輸入一種水果的英文名稱：')
3	if new_key in fruits:
4	print(new_key, ' 鍵已存在於字典中，只可對元素值進行修改')
5	fruits[new_key] = 88
6	else:
7	print(new_key, ' 鍵不存在於字典中，可進行新增元素作爲')
8	fruits[new_key] = 88
9	print(fruits)
執行結果	
1	請輸入一種水果的英文名稱：apple apple 鍵已存在於字典中，只可對元素值進行修改 {'banana': 100, 'apple': 88, 'orange': 200}
2	請輸入一種水果的英文名稱：mango mango 鍵不存在於字典中，可進行新增元素作爲 {'banana': 100, 'apple': 150, 'orange': 200, 'mango': 88}

| 3 | 請輸入一種水果的英文名稱：100
100 鍵不存在於字典中，可進行新增元素作為
{'banana': 100, 'apple': 150, 'orange': 200, '100': 88} |

於「ex5-2.py」的第 3 次執行過程中，我們故意輸入字典中已存在的元素值「100」。明顯的，由於「100」是元素值而非元素的鍵，故搜尋不到。因此，Python 會將其視為是一個新鍵而新增至字典中。

如果要尋找值而不是鍵時，那麼應該先找到鍵後，再請使用「字典名稱 [鍵]」的方式提取元素值。此外，使用「字典名稱 .values()」也可傳回元素值，但是它所傳回的是字典中所有的元素值所組成之串列型態資料，且該串列的名稱即預設為「dict_values」。

程式檔	ex5-3.py
1	fruits = {'banana':100, 'apple':150, 'orange':200}
2	s_key = input('請輸入一種水果(banana,apple,orange)：')
3	if s_key in fruits:
4	print(s_key, ' 的價格為：', fruits[s_key])
5	else:
6	print(s_key, ' 鍵不存在於字典中！')
7	
8	print('字典中的元素值有：', fruits.values())
執行結果	
1	請輸入一種水果(banana, apple, orange)：apple apple 的價格為： 150 字典中的元素值有： dict_values([100, 150, 200])

在「ex5-3.py」的第 4 行中，當找到鍵之後，即以「fruits[s_key]」方式把相

對應於該鍵的元素值顯示出來。程式的第 8 行，再以「fruits.values()」將字典中的所有元素值儲存於「dict_values」串列中，並顯示出來。

5-2-3　在字典中使用 for 敘述

字典型態內可以儲存多種、多個物件，因此也可以類似串列型態，使用 for 敘述一次提取多個元素。須注意的是，在字典型態中使用 for 敘述時，並不保證元素的提取過程之順序性。另外，使用 for 敘述讀取字典的每個元素時，若能搭配使用字典內建的方法，則程式的目標性將更明確。例如：配合「items」方法可回傳每一元素的「鍵」與「值」，配合字典的「keys」方法可回傳每一元素的「鍵」，而配合「values」方法則會回傳每一元素的「值」。先來看看一個簡單的例子。

程式檔	ex5-4.py
1	fruits = {'banana':100, 'apple':150, 'orange':200}
2	for fruit in fruits:
3	print(fruit)
執行結果	
1	banana apple orange

像這樣，在 for 敘述中變數 fruit 的意涵即是代表著「鍵」，也就是說，字典預設主要是以「鍵」來進行檢索任務的。如前所述，如果想查看看每個鍵所對應的元素值，那麼就得再使用「fruits [fruit]」的方式，才能提取元素值。此外，先前所說明的「字典名稱 .values()」也可傳回元素值，由於它將傳回內含串列型態的資料（串列名稱預設為 dict_values），因此，也可如同一般串列或元組，而使

用於 for 敘述中。

程式檔	ex5-5.py
1	fruits = {'banana':100, 'apple':150, 'orange':200}
2	print(fruits.values())
3	
4	for price in fruits.values():
5	print(price)
執行結果	
1	dict_values([100, 150, 200]) 100 150 200

　　雖然程式很精簡，但是只傳回元素值，而沒有鍵。這樣那些元素「鍵－值」對所代表的意義就無法彰顯出來，也就失去了字典的意義了。如果要能同時處理鍵和值，請使用「fruits.items()」。

程式檔	ex5-6.py
1	fruits = {'banana':100, 'apple':150, 'orange':200}
2	print(fruits.items())
3	
4	for fruit, price in fruits.items():
5	print(fruit, price)
執行結果	

1	dict_items([('banana', 100), ('apple', 150), ('orange', 200)]) banana 100 apple 150 orange 200

　　使用「fruits.items()」時，會將字典中各元素的鍵與值先形成元組，然後傳回由各元素之元組所組合而成的串列（如：[('banana', 100), ('apple', 150), ('orange', 200)]）。所以在「ex5-6.py」的 for 敘述中，讀取串列時，將讀取到元組型態的資料，每個元組中的元素有兩個（鍵與值），故設定分別由代表鍵的 fruit 變數與代表值的 price 變數來提取字典鍵與值。這應該很容易理解吧！此外，還有一種方法，我們可以在 for 敘述的處理中，分別提取鍵與值。這個動作一般稱為 unpacking（開箱），unpacking 它會使用兩個變數分別來接收所傳回的鍵與值。如「ex5-7.py」的程式碼。

程式檔	ex5-7.py
1	fruits = {'banana':100, 'apple':150, 'orange':200}
2	
3	for fruit_item in fruits.items():
4	fruit = fruit_item[0]
5	price = fruit_item[1]
6	print(fruit, price)
執行結果	
1	banana 100 apple 150 orange 200

　　在「ex5-7.py」中，fruits.items() 為串列型態，但其每個元素都是元組，該

元組將由字典中每個元素的鍵（索引值為 0）與值（索引值為 1）所組成。因此，for 敘述中「fruit_item」為元組型態。於是，在 for 迴圈的處理中，針對「fruit_item」來 unpacking 時，需要有兩兩個變數（fruit 與 price）分別來接收所傳回的鍵（fruit_item[0]）與值（fruit_item[1]）。

5-2-4　字典的進階操作

　　與串列類似，字典也具有許多的進階方法。雖然有些方法在前面的章節已有所說明，在此我們仍將列於表中，以方便讀者查閱。表 5-1 即為字典所常用的方法。

表 5-1　字典的常用方法

假設：dict1 = {'banana':100, 'apple':150, 'orange':200}；dict2 = {'mango':80, 'pear':220}

方法	意義	範例	結果
len(dict1)	傳回字典之元素總個數。	len(dict1)	3
dict1.clear()	移除字典中的所有元素。	dict1.clear()	{}
dict1.copy()	複製字典。	dict2=dict1.copy()	dict2 = {'banana': 100, 'apple': 150, 'orange':200}
dict1.get(鍵)	傳回鍵所對應的值。	dict1.get('apple')	150
dict1.update(dict2)	把字典 dict2 的元素追加到 dict1 裡；若 dict2 中某元素的鍵已存在 dict1 中，則會針對值進行更新。	dict1.update(dict2)	dict1= {'banana': 100, 'apple': 150, 'orange': 200, 'mango': 80, 'pear': 220}
zip(鍵 , 值)	可以把鍵與值合併成鍵值對。	ks=['A', 'B'] vs=[1, 2] dict(zip(ks,vs))	{'A': 1, 'B': 2}
鍵 in dict1	檢查鍵是否在字典中。	'mango' in dict1	False
dict1.items()	會將字典中各元素的鍵與值先形成元組，然後傳回由各元素之元組所組合而成的串列。	dict1.items()	[('banana', 100), ('apple', 150), ('orange', 200)]

方法	意義	範例	結果
dict1.keys()	傳回由各元素之鍵所組合而成的串列。	dict1.keys()	['banana', 'apple', 'orange']
dict1.setdefault（鍵）	與 dict1.get（鍵）同。	dict1.setdefault('apple')	150
dict1.values()	傳回字典中所有的元素值所組成之串列。	dict1.values()	[100, 150, 200]

接下來，綜合表 5-1 的常用方法，我們來看一些範例。

首先，我們想把兩個字典合併或更新，然後計算所有的元素值總和，如：ex5-8.py。

程式檔	ex5-8.py
1	fruits_1 = {'banana':100, 'apple':150, 'orange':200}
2	fruits_2 = {'mango':80, 'pear':300, 'apple':120}
3	fruits_1.update(fruits_2)
4	print('fruits_1字典變爲：', fruits_1)
5	print('字典中，元素值的總和爲：', sum(fruits_1.values()))
執行結果	
1	fruits_1字典變爲：{'banana': 100, 'apple': 120, 'orange': 200, 'mango': 80, 'pear': 300} 字典中，元素值的總和爲：800

在「ex5-8.py」中，先使用「fruits_1.update(fruits_2)」對兩個字典進行合併更新，由於「'apple'」已存在於「fruits_1」字典中，故更新其元素值爲 120。更新後，於第 5 行利用 Python 內建的函數，將所有的元素值「fruits_1.values()」加總起來。

接下來這個範例比較複雜一點。現在，我們想從字典中，指定移除某一個元素，該如何實現？如：ex5-9.py。

程式檔	ex5-9.py
1	fruits = {'banana':100, 'apple':150, 'orange':200, 'mango':80}
2	print("字典原始鍵與值：", fruits)
3	
4	key = input('請輸入欲刪除的鍵：')
5	# if key in fruits.keys():
6	if key in fruits:
7	del fruits[key]
8	else:
9	print('你所輸入的鍵，不存在！')
10	
11	print("字典更新為：", fruits)
執行結果	
1	字典原始鍵與值： {'banana': 100, 'apple': 150, 'orange': 200, 'mango': 80} 請輸入欲刪除的鍵：apple 字典更新為： {'banana': 100, 'orange': 200, 'mango': 80}

在「ex5-9.py」中，當於字典中找到所指定的鍵時，即把該鍵值對刪掉。此外，亦可使用第 5 行「if key in fruits.keys():」的方式來搜尋鍵，讀者可自行把第 5 行的「#」刪掉，然後於第 6 行加上「#」，然後執行看看，所得到的結果應該是一樣的。

最後，我們嘗試的藉由輸入介面而動態的指定字典元素總個數與內容而新建一個字典。如：ex5-10.py。

程式檔	ex5-10.py
1	keys=[]
2	values=[]
3	n=int(input('請輸入字典的總元素個數：'))
4	
5	print('字典的鍵，有：')
6	for x in range(0,n):
7	element=input('請輸入鍵' + str(x+1) + '：')
8	keys.append(element)
9	
10	print('字典的值，有：')
11	for x in range(0,n):
12	element=int(input('請輸入值' + str(x+1) + '：'))
13	values.append(element)
14	
15	d=dict(zip(keys,values))
16	print('新字典為：：', d)

執行結果	
1	請輸入字典的總元素個數：3 字典的鍵，有： 請輸入鍵1：A 請輸入鍵2：B 請輸入鍵3：C 字典的值，有： 請輸入值1：1 請輸入值2：2 請輸入值3：3 新字典為：：{'A': 1, 'B': 2, 'C': 3}

在「ex5-10.py」中,首先將所輸入的鍵與值分別存入 keys 和 values 這兩個串列中,最後再利用「dict(zip(keys,values))」方法,把各個鍵與值打包成鍵值對而組成字典。

5-3 集合

集合(set)型態也是一種資料類型,與串列、元組相似,它同樣能將多種類型的資料組合為一個型態。但是,集合並不具資料的順序性,集合內的元素也不能重複,也就是說,集合會自動刪除重複的元素。使用大括號「{}」將所有元素包起來,再透過逗號「,」來分隔個元素,即可建立新的集合。

5-3-1 建立新的集合

新建集合的語法如下:

語法	集合名 = {元素1, 元素2, 元素3, ...}

另外,也可運用 set() 函式來新建集合。其語法如下:

語法	集合名 = set(串列或元組或字串)

例如:

```
>>> season = {'春','夏','秋','冬'}
>>> season
{'春','夏','冬','秋'}

#將串列轉為集合時,元素的順序會改變,不一定會照原串列順序
>>> set(['剪刀','石頭','布'])
{'石頭','剪刀','布'}
```

```
#自動刪除重複的元素
>>> list1 = [1, 3, 5, 7, 5, 3]
>>> set(list1)
{1, 3, 5, 7}

#由字串變為集合，且自動刪除重複的元素，且元素的順序會改變
>>> set('Taiwan')
{'T', 'i', 'n', 'w', 'a'}
```

5-3-2 集合元素的新增與修改

於集合中，可使用「add(值)」方法以新增集合元素；而使用「remove(值)」方法則可刪除集合元素。例如：

```
>>> fruits = {'banana', 'apple', 'orange'}
>>> fruits.add('mango')
#顯示順序不保證與原順序同
>>> print(fruits)
{'mango', 'orange', 'apple', 'banana'}

>>> fruits.remove('orange')
>>> print(fruits)
{'mango', 'apple', 'banana'}
```

5-3-3 集合的運算

集合間可以進行聯集（|）、交集（&）、差集（-）與互斥（^）等運算，接下來將介紹這些運算的過程。

1. 聯集（A | B）：代表運算後所產生的新集合，一定會包含集合 A 的元素與集合 B 的元素。

```
>>> fruits_1 = {'banana', 'apple', 'orange'}
>>> fruits_2 = {'mango ', 'pear', 'apple'}
>>> fruits_1| fruits_2
{'banana', 'mango ', 'orange', 'apple', 'pear'}
```

2. 交集（A&B）：代表運算後所產生的新集合，只會包含集合 A 與集合 B 中所共同存在的元素。

```
>>> fruits_1 = {'banana', 'apple', 'orange'}
>>> fruits_2 = {'mango ', 'pear', 'apple'}
>>> fruits_1& fruits_2
{'apple'}
```

3. 差集（A-B）：代表運算後所產生的新集合，會從集合 A 中移除集合 A 與集合 B 中所共同存在的元素。

```
>>> fruits_1 = {'banana', 'apple', 'orange'}
>>> fruits_2 = {'mango ', 'pear', 'apple'}
>>> fruits_1- fruits_2
{'orange', 'banana'}
```

4. 互斥（A^B）：代表運算後所產生的新集合，會包含聯集（A|B）運算後，再移除交集（A&B）運算後，所剩餘的元素。

```
>>> fruits_1 = {'banana', 'apple', 'orange'}
>>> fruits_2 = {'mango ', 'pear', 'apple'}
>>> fruits_1^fruits_2
{'orange', 'banana', 'mango ', 'pear'}
```

5-3-4　集合的比較

　　集合間也可以進行比較，其比較運算子共有四類，例如：子集合（<=）、真子集合（<）、超集合（>=）與真超集合（>）等。

1. 子集合（A <= B）：其作用等同於「A.issubset(B)」（判斷 A 是否為 B 的子集合）。目的在判斷存在集合 A 的每個元素，是否也一定存在於集合 B 中？是的話則傳回「True」。

```
>>> fruits_1 = {'apple'}
>>> fruits_2 = {'banana', 'apple', 'orange'}
>>> fruits_1<=fruits_2
True
```

2. 真子集合（A < B）：目的在判斷存在集合 A 的每個元素，是否也一定存在於集合 B 中，且集合 B 至少有一個元素不存在於集合 A？是的話則傳回「True」。

```
>>> fruits_1 = {'apple'}
>>> fruits_2 = {'banana', 'apple', 'orange'}
>>> fruits_1<fruits_2
True
```

3. 超集合（A >= B）：其作用等同於「A.issuperset(B)」（判斷 A 是否為 B 的超集合）。目的在判斷存在集合 B 的每個元素，是否也一定存在於集合 A 中？是的話則傳回「True」。

```
>>> fruits_2 = {'apple', 'pear'}
>>> fruits_1 = {'banana', 'apple', 'orange'}
>>> fruits_1>=fruits_2
False
```

4. 真超集合（A > B）：其作用亦等同於「A.issuperset(B)」。目的在判斷存在集合 B 的每個元素，是否也一定存在於集合 A 中，且集合 A 至少有一個元素不存在於集合 B？是的話則傳回「True」。

```
>>> fruits_2 = {'apple', 'pear'}
>>> fruits_1 = {'banana', 'apple', 'orange', 'pear'}
>>> fruits_1>fruits_2
True
```

有了上述的知識後，我們來看看幾個實際的範例。首先，我們想一支程式，它可對所輸入的兩個字串轉換為字母的集合，然後進行集合的四則運算，如「ex5-11.py」。

程式檔	ex5-11.py
1	s1 = input('Enter first string:')
2	s2 = input('Enter second string:')
3	
4	a = list(set(s1) & set(s2))
5	print('相同的字母有:', a)
6	
7	b=list(set(s1) - set(s2))
8	print('s1差集s2後，串列變為:', b)
9	
10	c=list(set(s1)	set(s2))
11	print('s1聯集s2後，串列變為:', c)
12	
13	d=list(set(s1) ^ set(s2))

14	print('s1互斥s2後，串列變為:', d)	.

執行結果	
1	Enter first string:Hello Enter second string:World 相同的字母有: ['o', 'l'] s1差集s2後，串列變為: ['e', 'H'] s1聯集s2後，串列變為: ['e', 'W', 'r', 'o', 'l', 'H', 'd'] s1互斥s2後，串列變為: ['W', 'e', 'H', 'd', 'r']

在「ex5-11.py」中，利用 set() 方法可以把字串轉換為用字母所形成的集合，例如：字串為「Hello」時，「set('Hello')」後，即轉換為集合「{'o', 'l', 'e', 'H'}」（順序不定）。而利用集合的四則運算子進行運算。最後再利用「list()」將集合轉為串列，然後依序顯示出來。

習 題

1. 請設計一程式，在已給定一個字典 fruits = {'banana':100, 'apple':150, 'orange':200} 的情形下，檢查 fruits 字典中是否存在由使用者透過鍵盤所輸入的鍵（key），若該鍵存在，則把其相對應的值顯示出來，否則顯示該鍵不存在的訊息。

2. 給定三個字典，分別為 dic1={'A1':10, 'A2':20}、dic2={'B1':30, 'B2':40} 與 dic3={'C1':50, 'C2':60}。請設計一程式，能將上述的三個字典合併成一個字典。

3. 給定一個名為 books 的串列，該串列中包含三個元素，每一元素都是一個字典，一個字典代表一本書的資料，這些資料包含書名、售價與出版社。books 串列如下：

   books = [{' 書名 ': 'Python 網路爬蟲 ', ' 售價 ':560, ' 出版社 ': ' 基峰 '},
   　　　　　{' 書名 ': 'Python 程式設計 ', ' 售價 ':420, ' 出版社 ': ' 五南 '},
   　　　　　{' 書名 ': 'Python 資料分析 ', ' 售價 ':380, ' 出版社 ': ' 歐萊禮 '}]

   請設計一程式，可由使用者透過鍵盤輸入書籍名稱之「關鍵字」後，查詢 books 串列。若書籍存在，則列印其售價；否則顯示出書籍不存在的訊息。

4. 給定一個名為 personal 的字典，如下：

   personal = {1: {'Name': 'John', 'Age': '27', 'Sex': 'Male'},
   　　　　　　2: {'Name': 'Marie', 'Age': '22', 'Sex': 'Female'},
   　　　　　　3: {'Name': 'Sam', 'Age': '25', 'Sex': 'Female'}}

   請設計一程式，可由使用者透過鍵盤輸入名稱（Name）後，查詢 personal 字典。若名稱存在，則列印該人之所有資料；否則顯示出名稱不存在的訊息。

5. 冰箱內水果的庫存狀況如下：

   數量：香蕉 4 根、蘋果 2 顆、橘子 3 顆、梨子 5 顆

   單價：香蕉 10 元 / 根、蘋果 35 元 / 顆、橘子 8 元 / 顆、梨子 15 元 / 顆

   請設計一程式，新建二個字典（數量與單價），試計算冰箱內水果的庫存總價值。

06

函式

　　函式（function）的主要作用在於：能將具有特定功能或經常重複使用的程式，予以包裝、獨立成小單元程式。如果程式中具有函式，那麼你就可以根據程式需求多次調用它，以能重複性的執行相同的處理。這些函式的相關概念都會在本章中予以介紹。

6-1　函式的意義

　　函式是種允許多行程式一起執行的語法。編寫程式時，常會遇到程式中須多次編寫相同處理過程的情境。這些重複性的處理工作，若在程式中的同一位置進行的話，那麼使用 for 迴圈就可解決了，但如果是須發生在不同位置時，則建議使用函式。

　　例如：假設我們想要在程式中的不定位置上（依需求）都能顯示問候語「Hello Everybody !」。因此，就必須在每個需要問候語的位置上，編寫「print('Hello Everybody !')」這樣一行程式碼。但是，試想如果可以在不同的場合（如：遇到不同的人），而問候語中「Everybody」的部分也可改變的話，那麼程式將顯得更人性化一點。這樣的想法下，如果用土法煉鋼的方法逐次修改程式碼，那麼程式設計的工作將會變得很繁瑣，甚至有些還會遺漏掉，而沒改到。基於此，由使用者來自行定義一個如下的函式，便是一個好主意。

程式碼	greet()函式的定義
1	def greet():
2	print('Hello Everybody !')

　　觀察上面的 greet() 函式，自行定義函式時，必須以「def」為開頭，空一個空白字元（space），接「函式名稱」後，再串接著一對小括號，小括號後面須再接上「:」。函式的處理內容（程式區塊）於編寫時也必須內縮。當函式需要

傳回值時，可使用指令 return，表示函式回傳資料給原呼叫程式，若不需要回傳值的函式，就不需要加上 return。定義函式的基本語法應如下：

語法	def 函式名([參數1, 參數2, 參數3, …]): 呼叫函式時，欲進行的處理(程式區塊) [return 回傳值1, 回傳值2, 回傳值3, …]

上述語法中，「[ ]」代表中括號，其內的參數是可選擇的意思。例如：[參數 1, 參數 2, 參數 3, …] 就代表著：參數 1、參數 2、參數 3，可有可無皆無妨。

定義好函式後，於主程式中如何將其呼叫出來而多次使用呢？基本上，只要呼叫（或稱調用）該函式名稱即可。如：ex6-1.py。

程式檔	ex6-1.py
1	def greet():
2	print('Hello Everybody !')　先定義好函式
3	
4	greet() ◄── 然後再呼叫函式
執行結果	
1	Hello Everybody !

6-2　函式的參數

主程式中呼叫函式時，也可同時傳遞變數給函式。在這種情況下，該變數就稱為參數。這樣的作為可以更靈活的更改函式的功能與處理內涵。例如：先前我

們所自行定義的 greet() 函式中，我們就可以因應不同的問候場合（如遇到不同的人），藉由參數傳遞的方式，而修改原始 greet() 函式中「Everybody」的部分。

程式檔	ex6-2.py
1	def greet_to(name):
2	print('Hello {} Sir !\n' . format(name))
3	
4	greet_to('Chen')
5	greet_to('Lin')
執行結果	
1	Hello Chen Sir ! Hello Lin Sir !

在「ex6-2.py」中，當您呼叫「greet_to(name)」函式時，就可透過 name 參數而將「值」傳入函式中來進行處理。第一次呼叫函式時，將「Chen」這個字串藉由 name 參數而傳入函式並處理，因此顯示了「Hello Chen Sir !」。第二次傳入「Lin」字串，故顯示「Hello Lin Sir !」。顯見 name 參數值是可變的，且它是函式中的一個變數。

6-2-1   函式的回傳值

基本上，函式可分成兩種型態：有回傳值函式和無回傳值函式。當函式需要傳回值給主程式使用時，須於定義函式時使用 return 命令，表示函式回傳資料給原呼叫函式（即主程式），若不需要回傳值的函式，就不需要加上 return 命令，函式的定義與傳回值格式，如表 6-1。

表 6-1 函式的型態

分類	函式的定義語法	範例
不回傳值的函式	def 函式名 (參數 1 , 參數 2 , …) : 　　函式的程式區塊	def greet(): 　　print('Hello Everybody !')

回傳值的函式	def 函式名 (參數 1 , 參數 2 , …) :
	　　函式的程式區塊
	　　return 要傳回的變數或值
		def min(a,b):
		　　if a > b:
		　　　　return b
		　　else:
		　　　　return a

　　此外，呼叫函式時，也會因函式的型態不同而有不同的呼叫方式。當然，基本原則都是呼叫函式的名稱，但使用上略有差異。

☞ 無傳回值的呼叫方法

　　　函式名稱（參數值 1, 參數值 2, … ）

☞ 有傳回值的呼叫方法

　　　變數 = 函式名稱（參數值 1, 參數值 2, … ）

　　在「有傳回值」的呼叫函式過程中，函式處理完畢後會傳回一個值，故主程式中必須使用一個變數來收納該傳回值。無傳回值的呼叫方法，在「ex6-1.py」與「ex6-2.py」已示範過。現在，我們來看看有傳回值的情形。

程式檔	ex6-3.py
1	def rtn_greet(name):
2	greet = 'Hello {} Sir !\n' . format(name)
3	return greet
4	
5	greet_rst = rtn_greet('Wang')
6	print(greet_rst)
執行結果	
1	Hello Wang Sir !

明顯的，在「ex6-3.py」中，當您呼叫「rtn_greet(name)」函式後，主程式以變數「greet_rst」來接收「rtn_greet(name)」函式的傳回值（greet 變數的內容），並將它顯示出來。

6-2-2 函式於疊代處理的運用

透過迴圈和函式組合使用，可以使程式碼看起來更為簡潔。假設，在某個特殊的場合下，程式須要能連續問候 3 個人，然後顯示一句歡迎詞，最後再問候另一個人。想像一下，這支程式可能稍微有點複雜，不過先來看看其輸出的狀況，以便能寫出相對應的程式。

☞ Hello Chen Sir！

☞ Hello Lin Sir！

☞ Hello Wang Sir！

☞ 歡迎光臨台灣大學！

☞ Hello Lee Sir！

如果在沒有使用函式的情況下來編寫程式時，程式碼如「ex6-4.py」所示：

程式檔	ex6-4.py
1	print('Hello Chen Sir !')
2	print('Hello Lin Sir !')
3	print('Hello Wang Sir !')
4	print('歡迎光臨台灣大學 !')
5	print('Hello Lee Sir !')
執行結果	
1	Hello Chen Sir ! Hello Lin Sir ! Hello Wang Sir ! 歡迎光臨台灣大學 ! Hello Lee Sir !

　　我很好奇的是：到底是什麼樣的原因，要用這樣的方式來處理這種看起來像是屬重複處理的事件（基本上，每次顯示只是換個姓氏而已），實在是沒道理。如果這支程式只執行一次後，就不會再用到了，那倒是還好，無所謂！但是，在實際編寫程式碼的過程中，為能因應各式各樣的場合，就須常去編修上述的程式碼。須編修的次數越多，就越容易因疏忽而導致錯誤的發生。想看看，若能夠只在一個地方進行修改，就能因應各式各樣的情況，那將是多美好的事啊！

　　這時，疊代處理（迴圈）的概念和函式就很有用了！我們就先來應用函式的技法，寫支輸出結果與「ex6-4.py」相同的程式。首先，先自訂一個函式（rtn_greet(name)）來改寫顯示問候語的部分，如「ex6-5.py」所示。

程式檔	ex6-5.py
1	def rtn_greet(name):
2	greet = 'Hello {} Sir !' . format(name)
3	return greet
4	
5	print(rtn_greet('Chen'))
6	print(rtn_greet('Lin'))
7	print(rtn_greet('Wang'))
8	print('歡迎光臨台灣大學 !')
9	print(rtn_greet('Lee'))
執行結果	
1	Hello Chen Sir ! Hello Lin Sir ! Hello Wang Sir ! 歡迎光臨台灣大學 ! Hello Lee Sir !

當然，原始「ex6-4.py」的程式碼看起來是比較簡單的，但是並不簡捷。而運用自訂函式技巧的「ex6-5.py」，雖然程式碼較長，但簡捷多了。例如：當你想把輸出結果中的「Sir」改成「Doctor」時，在「ex6-4.py」中要進行 4 次修改動作；但在「ex6-5.py」中，只須修改自訂函式「rtn_greet(name)」中的程式碼一次就可以了！

在「ex6-5.py」中，為了能連續對 3 個人發出問候訊息，因此重複呼叫了自訂函式「rtn_greet(name)」3 次。這種重複處理過程，若能巧妙的應用 for 迴圈應該是再好不過了。接下來，我們就來實現它吧！

程式檔	ex6-6.py
1	def rtn_greet(name):
2	greet = 'Hello {} Sir !' . format(name)
3	return greet
4	
5	for name in ['Chen', 'Lin', 'Wang']:
6	print(rtn_greet(name))
7	
8	print('歡迎光臨台灣大學 !')
9	print(rtn_greet('Lee'))
執行結果	
1	Hello Chen Sir ! Hello Lin Sir ! Hello Wang Sir ! 歡迎光臨台灣大學 ! Hello Lee Sir !

在「ex6-6.py」中，總共顯示了五個訊息，其中有四個類似的問候語（只有

姓氏不同），但是有一訊息「歡迎光臨台灣大學！」卡在中間，所以無法使用 for 迴圈一次處理完對所有人的問候語，否則程式將會更加簡捷。雖然如此，但是至少程式若須修改時，我們只須對自訂函式「rtn_greet(name)」進行修改就好了。總之，for 迴圈和自訂函式的組合應用，確實會使你的程式更簡捷、更有效率。

6-3　函式與變數的作用範圍

當你開始使用函式技巧時，就需要特別關注於全域變數（global variables）與區域變數（local variables）的區別及其有效範圍（scope）的問題。這兩個問題相當惱人，往後當你運用函式時，若遭遇困難，記得提醒自己該困難點是否為變數有效範圍的相關問題所導致。

變數的有效範圍可區分為全域變數與僅供函式內使用的區域變數，宣告在主程式最上面、最外層的變數稱為全域變數；而宣告在函式內的變數則稱為區域變數。全域變數的有效範圍（可以引用該變數的範圍）擴及整個程式檔；而函式內的區域變數之有效範圍則只在函式內。一般而言，函式內的處理要使用到某特定變數時，會優先使用區域變數，若區域變數內沒有該特定變數存在時，才會往函式外去尋找看看全域變數中有沒有該特定變數。我們來看一個例子吧！

程式檔	ex6-7.py
1	def show_num():
2	num = 10
3	print(num)
4	
5	show_num()
6	print(num)

執行結果	

1	10
	Traceback (most recent call last):
	  File "ex6-7.py", line 6, in \<module>
	    print(num)
	NameError: name 'num' is not defined

在「ex6-7.py」中，num 變數屬區域變數，在函式中使用（第 1 行到 3 行）並無疑義，所以第 5 行呼叫「show_num()」時，執行結果可以顯示出「10」。但 num 變數的有效範圍應只在函式內，故在函式外部使用（第 6 行）時，將報錯而發出 NameError 的錯誤訊息，NameError 意指欲使用的變數未定義，導致無法引用之意。接著，我們來看看下面的例子。

程式檔	ex6-8.py
1	num = 10
2	def show_num():
3	#print('猜看看，顯示？', num)
4	num = 20
5	print('這是區域（函數內）變數：', num)
6	
7	show_num()
8	print('這是全域（函式外）變數：', num)
執行結果	
1	這是區域（函數內）變數：20 這是全域（函式外）變數：10

在「ex6-8.py」中，縱使函式內的區域變數名稱與全域變數一樣，但執行

時，區域變數、全域變數有各自的有效範圍，所以執行的輸出結果，將相互獨立執行，並不會混淆。

特別注意一下，若所引用的區域變數，是在初始化區域變數之前的話，那麼將會產生「UnboundLocalError」錯誤。「ex6-8.py」中的第 3 行，因為會產生 UnboundLocalError 錯誤，所以使用井字號「#」進行註解，以讓該行沒有作用，若要測試此錯誤，讀者可自行以將井字號「#」刪除，再執行程式一次，就會出現 UnboundLocalError 錯誤了。這是因為區域變數 num 尚未初始化，就調用它的緣故。

從「ex6-8.py」可以發現，全域變數 num 與區域變數 num，是兩個不同的變數，函式內區域變數 num 的有效範圍只在函式內，全域變數 num 的有效範圍為整個檔案，但因為與函式內區域變數有相同的變數名稱，函式會優先使用區域變數，若找不到才去找全域變數。

接下來，就是一個較為複雜的例子了。

程式檔	ex6-9.py
1	num = 10
2	def show_num():
3	local_num = num + 8
4	print('這是區域（函數內）變數：', local_num)
6	
7	show_num()
8	print('這是全域（函式外）變數：', num)
執行結果	
1	這是區域（函數內）變數：18 這是全域（函式外）變數：10

在某些情況下，您只能在函式內引用函式外部的變數，感覺還有點複雜。儘管如此，在函式中引用函式外部的變數並不是一個好主意，宜盡量避免。如果變數中真的有必要存在變數時，最好是以參數傳遞的方式來編寫程式碼，較為妥當，如「ex6-10.py」所示。

程式檔	ex6-10.py
1	num = 10
2	def show_num(num):
3	local_num = num + 8
4	print('這是區域（函數內）變數：', local_num)
6	
7	show_num(num)
8	print('這是全域（函式外）變數：', num)
執行結果	
1	這是區域（函數內）變數：18 這是全域（函式外）變數：10

「ex6-9.py」與「ex6-10.py」的執行結果雖然相同，但無論情況如何，像「ex6-10.py」的程式設計方式，即：將全域變數以參數的方式，傳遞給函式使用的方式，應該是種較為妥當的程式設計技巧。

習　題

1. 某班級有三位學生，統計學老師將以學生的 4 次家庭作業（homework）、3 次平常考（quizzes）與 2 次測驗（tests）等三項成績，來計算每位學生的學期成績與評定等級。學生的各項成績（homework、quizzes 與 tests）將被存放於各自的字典中，如下所示：

john = {'name': 'John', 'homework': [90, 97, 75, 92], 'quizzes': [88, 40, 94], 'tests': [75, 90]}

alice = {'name': 'Alice', 'homework': [100, 92, 98, 100], 'quizzes': [82, 83, 91], 'tests': [89, 97]}

sam = {'name': 'Sam', 'homework': [0, 87, 75, 22], 'quizzes': [0, 75, 78], 'tests': [100, 100]}

請依下列提示設計程式。

(1) 請設計一個可以計算學生各項成績（如：homework、quizzes 與 tests）之平均值的函式 average，該函示的傳入值須為一個數值串列；而其傳回值則為該數值串列之各元素的平均值。（提示：可將所有學生的資料轉存入一串列中）

(2) 請設計一個可以計算各學生之學期成績（final）的函式 get_final，該函示的傳入值為記錄學生各項成績的字典（如：john、alice 與 sam）；學期成績的計算方式為：

final = 0.1*homework + 0.3*quizzes + 0.6*tests

而其傳回值則為學生之學期成績（final）。

(3) 請設計一個可以評定學生學期成績等級的函式 get_grade，該函示的傳入值為學生的學期成績；而其傳回值則為該學生之學期成績的等級。等級的評定方式為：

等級 A：學期成績 > 90

等級 B：80 <= 學期成績 < 90

等級 C：70 <= 學期成績 < 80

等級 D：60 <= 學期成績 < 70

等級 F：學期成績 < 60

(4) 請設計一個可以計算班級所有學生之平均學期成績的函式 get_class_average，該函示的傳入值為所有學生之學期成績所組成的串列；而其傳回值則為班級所有學生之平均學期成績。

(5) 請輸出每位學生的學期成績與等級評價。

(6) 請輸出班級的平均學期成績與等級評價。

2. 請設計一程式，提示「請輸入正整數：」，然後由使用者透過鍵盤輸入後，利用一個可以求算某數值之階乘的函式（名稱為：factorial()），並輸出該數字的階乘值。

3. 請設計一支能估算城市旅遊之旅程總開銷的程式，請依下列提示來進行設計程式。

(1) 首先，定義一個名為 hotel_cost 的函式，以計算旅館費用。其傳入值為旅館入住天數，旅館每天的價格是 2500 元。傳回值為旅館費用（2500* 天數）。

(2) 定義一個名為 destination_cost 的函式，以取得到各目的地城市的車資（來回）。其傳入值為目的地名稱，而傳回值則為到該目的地城市的車資。以下是到各目的地城市的車資資料。

台北：1000 元

新竹：800 元

台中：550 元

高雄：200 元

(3) 定義一個名為 rental_car_cost 的函式，以計算以租車方式於城市內進行旅遊時的交通花費。其傳入值為租車天數，而傳回值則為總租車費用。租車費用每天 2200 元，若租車天數超過 7 天（含），則可享有總價折價

2500 元的優惠；而若超過 3 天（含），則可享有總價折價 1200 元的優惠。

(4) 定義一個名為 trip_cost 的函式，以計算旅程總開銷。旅程總開銷的計算方式為：旅館費用到目的地城市的車資＋租車費用＋日常花費（由使用者輸入）。故其傳入值為 hotel_cost 函式的傳回值、destination_cost 函式的傳回值、rental_car_cost 函式的傳回值與日常花費。

(5) 請於使用者輸入：住宿天數、目的地城市、租車天數與日常花費後，計算並輸出旅程總開銷。

學習程式設計至今，讀者應能理解編寫程式是有其固定的規則。如果它不符合編寫方式，那麼編譯器就會報錯，並提示錯誤訊息。此外，即使程式能執行，但如果它的結果並非我們所預期的方向，這也是一種錯誤。在本章中，我們將學習如何處理這種情況。

7-1　錯誤的型態

編寫程式時，任何敘述均有其固定的語法規則，當程式碼不符合這些語法規則時，程式將無法順利執行，這種狀態就稱為發生錯誤（error）。只有當你使用正確的語法來編輯程式且程式亦能如你預期的邏輯在執行時，這樣才能稱為程式是編寫完成的。然而，若想要每次編寫程式都能夠從頭到尾完成，而沒有發生錯誤的機率，應該也不高吧！所以，一般而言，編寫程式總是在「發生錯誤後修改」、「修改完又發生錯誤」等這樣的循環中進行著，直到程式能完美的達成其任務為止。

總而言之，編寫程式時，程式報錯絕對不是一件值得大驚小怪的事情，這只是程式設計者的日常罷了！程式報錯時，通常會發出錯誤訊息，錯誤訊息會敘明錯誤的原因與錯誤的程式位置，所以也不用太擔心。在本章中，你將學習到面對錯誤時的心態。另外，有的時候，甚至當你的語法完全正確時，執行程式時卻仍然會出錯。這種在程式執行階段發生的錯誤則叫做例外（exceptions），這將會造成程式致命的終止（無法執行下去），因此，本章中也會學習到例外處理的方法。

綜合上述，錯誤有兩種主要類型，一種是程序根本無法順利執行的錯誤；另一種為程式執行到中途時所發生的錯誤。前者一般而言是屬語法錯誤居多，這很容易修改。後者則須要找出它在中途停止的原因，這個就困難許多了。

語法錯誤時，通常在程式首次執行時就會報錯。也就是說，把 Python 的語法使用錯了。表 7-1 即為一些常見的語法錯誤情形。

表 7-1 常見的語法錯誤

錯誤情形	錯誤示例
括弧缺漏	print(len(str)
輸入程式區塊前，忘了「:」	for title in title_list
字串忘了用「'」包起來	print('Hello！)
忘了元素間的區隔符號	[1, 2, 3 4]

　　以上這些錯誤，其實當我們於 VS Code 中編輯程式碼時，於執行前，VS Code 就會幫我們把錯誤的地方挑出來。使用者並不用太過於擔心。

7-2　例外

　　程式執行時，導致程式中途停止的錯誤則稱為例外。例如：將字串型態變數和整數型態變數進行加法運算，或者呼叫有傳回值的函式時，卻沒有指定參數。到目前為止，本書所介紹的程式都是可以正常執行的，不會發生上述的異常現象。此外，還有一種常見的現象，若所設計的程式，於變數值的賦值或取用過程，都是於程式中指定的話，那可能也不會產生問題。但是，若是藉由輸入介面輸入的話，那就很有可能會因輸入一些奇怪的值而導致程式中途停止了（例如：ex4-8.py）。這種程式執行或操作過程中的異常現象，就是所謂的例外了。需要去找出原因並解決它。

　　我們將藉由下面這個例子來說明例外的產生，首先，我們自訂一個簡單的數值加法的函式，它具有傳回值，並於程式中調用它：

程式檔	ex7-1.py
1	def add_10(num):
2	add_num = num + 10

3	return add_num
4	
5	print(add_10('10'))
執行結果	
1	Traceback (most recent call last): File "ex7-1.py", line 5, in \<module> print(add_10('10')) File "ex7-1.py", line 2, in add_10 add_num = num + 10 TypeError: can only concatenate str (not "int") to str

執行時，報錯了。主要是因為呼叫有傳回值的函式時，所指定的參數之資料型態因素，導致函式中的加法運算出錯。在第 2 章時，我們就曾說明把數值型態的變數拿來和字串型態的變數相加時，就會導致錯誤。既然如此，現在我們很清楚「ex7-1.py」報錯的原因，就來解決它吧！

程式檔	ex7-2.py
1	def add_10(num):
2	add_num = int(num) + 10
3	return add_num
4	
5	print(add_10('10'))
執行結果	
1	20

在「ex7-2.py」中，只要將傳到函式中的參數 num，於加法運算前，利用

「int()」將其轉換為整數型態即可。雖然這個問題，我們因為知道問題所在，所以輕易解決了。但是如果是其它問題呢？我們剛剛的解決方式真的能一勞永逸嗎？例如：我們指定了根本無法使用「int()」在非數字的文字（如 'y'）上啊！那依然是會產生錯誤！

程式檔	ex7-3.py
1	def add_10(num):
2	add_num = int(num) + 10
3	return add_num
4	
5	print(add_10('y'))
執行結果	

1	Traceback (most recent call last):
	  File "ex7-3.py", line 5, in \<module\>
	    print(add_10('y'))
	  File "ex7-3.py", line 2, in add_10
	    add_num = int(num) + 10
	ValueError: invalid literal for int() with base 10: 'y'

「ex7-3.py」的錯誤訊息與「ex7-1.py」有所差異。我們該怎麼處理這個問題呢？類似的問題，最常出現在程式的某些變數值是由使用者自行輸入的場合。因為，實在很難去規範使用者該怎麼輸入。但是，就程式設計者而言，就算是使用者擺明是「來亂的」時，你的程式也要有辦法應付才是。

這類的問題都可歸類為例外。因此，編寫程式時，我們所要考慮的問題實在很多，如果能夠事前就能把某些事件直接歸類為例外，然後於程式中加以預防並處理，那這樣，就很完美了。而上述的這些作為，通常就稱為「例外處理」。

7-3 例外處理

　　邏輯上，如果我們真的能把「除了輸入整數外，其餘的輸入皆為錯誤。」，當成是程式的執行規範的話，那麼就不會再產生「ex7-1.py」與「ex7-3.py」的錯誤了。在 Python 中，我們可以使用例外處理的方式，來編寫這個執行規範。例外處理的過程通常是這樣的：當正在執行的程式，於特定位置上產生錯誤時，程式即刻處理中斷並且跳到別處以執行解除錯誤狀況的處理。在 Python 中，會以 try 語法中的程式區塊來放置「可能」會產生例外現象的程式碼，並且會在 except 語法中的程式區塊內描述處理例外狀況的程式碼。我們就來看一下，如何使用例外處理的方式，同時解決「ex7-1.py」與「ex7-3.py」中所產生的例外狀況。

程式檔	ex7-4.py
1	def add_10(num):
2	try:
3	add_num = int(num) + 10
4	print('add_num is {}'. format(add_num))
5	return add_num
6	except:
7	print('Error!')
8	
9	print('輸入數字時：')
10	add_10(10)
11	
12	print('\n輸入文字時：')
13	add_10('y')

執行結果	
1	輸入數字時： add_num is 20 輸入文字時： Error!

　　像這樣，把原本要處理但可能會發生例外狀況的程式碼，放入 try 敘述的程式區塊中，然後在 except 敘述的程式區塊中處理例外狀況。這樣，程式縱使例外產生了，也不會報錯而中止程式。雖然「ex7-4.py」中使用 try 和 except 成功的處理例外事件，但使用時仍須注意一些事項。

　　在「ex7-4.py」中 except 敘述處理例外的方式是顯示「Error!」並維持程式繼續執行不會中斷。雖然 except 敘述已成功的偵測到例外事件，但卻無法得知產生錯誤的真正原因。故，為了能明確得知錯誤的原因，try 敘述的程式區塊中應要有能力，來區分這些輸入上的錯誤情況。也由於，在知道發生了什麼類型的錯誤，並鎖定程式的正確位置後，才能正確地處置，因此熟練 Python 中 try 和 except 的用法是必要的。

　　基於上述，或許對於「ex7-4.py」的處理方式尚有一些改進空間。既然產生例外的緣由來自於輸入值，所以程式於取得輸入值時，就該針對輸入值來檢查是否須進行例外處理。因此，程式可以修改成如「ex7-5.py」所示。

程式檔	ex7-5.py
1	def add_10(num):
2	if not isinstance(num, int):
3	print('Invalid num')
4	return False
5	add_num = int(num) + 10

6	print('add_num is {}'. format(add_num))
7	return add_num
8	
9	print('輸入數字時：')
10	add_10(10)
11	
12	print('\n輸入文字時：')
13	add_10('y')
執行結果	
1	輸入數字時： add_num is 20 輸入文字時： Invalid num

　　在「ex7-5.py」中，首先使用「isinstance(num, int)」來判斷 num 變數的輸入值是否為整數型態，不是的話，就顯示「'Invalid num'」並傳回 False。isinstance（object, type）是 Python 的內建函式，主要是用來判斷一個物件（即 object 參數）是否是一個已知的資料型態（即 type 參數）。透過事先檢查輸入值的方式，且配合 if 敘述的條件分歧處理，就不須要依賴於例外處理了。因為當沒有給 num 變數賦值為整數型態時，即可以在不使用例外的情況下，執行適當的處理。

7-4　錯誤的種類

　　在 Python 中，錯誤的類型有很多種。這裡所謂的錯誤意指要使程式能正常工作，在編修程式碼時需有些限制，若不遵從這些限制，即產生錯誤之意。而不是 Python 程式語言有很多 bug 的意思，千萬不要誤解。一般而言，程式的錯誤

訊息會告訴程式設計者，發生錯誤的原因與錯誤的位置，只是都是用英文顯示這些錯誤訊息罷了！因此，若你英文能力尚可的話，應該都能理解這些錯誤訊息的意義。如此，當能迅速解決問題。在本小節中，我們將簡要的補充說明各種錯誤訊息的意義。

☞ IndentationError: 內縮不一致，沒對齊。

　　indentation 是縮排的意思。在 Python 中編寫程式碼時，必須遵照其縮排規則，否則就會產生「IndentationError」。如：

```
>>> for i in range(3):
...        ans = i + 5
...      print(ans) ─────────────────┐ 這行內縮沒對齊
  File "<stdin>", line 3
    print(ans)
         ^
IndentationError: unindent does not match any outer indentation level
```

☞ TypeError: 資料型態不一致。

　　例如：數值變數與字串變數進行加法運算時，就會產生此錯誤訊息。

```
>>> 1 + '3'
Traceback (most recent call last):
  File "<stdin>", line 1, in <module>
TypeError: unsupported operand type(s) for +: 'int' and 'str'
```

　　此時，改變一下資料型態，使資料型態一致，就可解決。

```
>>> 1 + int('3') ─────────────┐ 把字串改爲數值
4
>>> str(1) + '3' ─────────────┐ 把數值改爲字串
'13'
>>>
```

當然，如果是串列與非串列相加時，也會產生錯誤。

```
>>> [1] + 3
Traceback (most recent call last):
    File "<stdin>", line 1, in <module>
TypeError: can only concatenate list (not "int") to list
```

☞ IndexError: 索引值超出範圍。

　　提取串列時，索引值超出了原串列所具有的索引值範圍

```
>>> a = [1, 2, 3]
>>> a[3]
Traceback (most recent call last):
    File "<stdin>", line 1, in <module>
IndexError: list index out of range
```

☞ KeyError: 使用鍵來存取字典時，該鍵卻不存在於字典中。

　　利用鍵來存取字典時，該鍵卻不存在於字典中，就會報錯，發出「KeyError」訊息。

```
>>> a = {'A': 1, 'B': 2}
>>> a['C']
Traceback (most recent call last):
    File "<stdin>", line 1, in <module>
KeyError: 'C'
```

☞ AttributeError: 物件不具有該屬性。

　　於取用某物件之屬性時，該屬性不存在。如下例：因為集合根本不具有 append() 方法。

```
>>> a = [1, 2, 3, 4]
>>> a = set(a)
>>> a.append(4)
Traceback (most recent call last):
   File "<stdin>", line 1, in <module>
AttributeError: 'set' object has no attribute 'append'
```

☞NameError: 物件或變數名稱未定義。下例中，「count +=1」，其意義等同於「count = count + 1」。由於程式碼「count +=1」之前，並未對「count」變數進行初始化，故執行時就會報錯。

```
>>> count +=1
Traceback (most recent call last):
   File "<stdin>", line 1, in <module>
NameE  rror: name 'count' is not defined
```

　　既然是「count」變數運算前未先定義（未先初始化）而導致報錯，故改下例的程式碼就對了。

```
>>> count = 0
>>> count +=1
>>> print(count)
1
```

☞UnboundLocalError: 全局變數或區域變數無法區分。

　　在函式外部已經定義了某變數 num，且在函數內部定義了（初始化了）一個相同名稱的變數，但在該定義前卻已調用了它。現在，於函式內對該變數進行運算，執行時就會遇到錯誤，主要是因爲沒有讓編譯器清楚該變數是全局變數，還是區域變數。

```
>>> num = 10
>>> def show_num():
...        print('猜看看，顯示？', num)
...        num = 20
...        print('這是區域（函數內）變數：', num)
...
>>> show_num()
Traceback (most recent call last):
   File "<stdin>", line 1, in <module>
   File "<stdin>", line 2, in show_num
UnboundLocalError: local variable 'num' referenced before assignment
```

　　因為函式調用變數時，會在函式先找尋該變數，由於「print()」這列程式碼前，找不到該變數，所以會報錯。也就是說，若調用區域變數時，是在初始化區域變數之前的話，那麼將會產生「UnboundLocalError」的錯誤。

習　題

1. 請設計一程式，提示「請輸入一個數字：」，然後由使用者透過鍵盤輸入正整數後，輸出該數字的所有因素。輸入時，須設計防呆機制，以防使用者亂輸入。該防呆機制，請以例外處理（try ..... except）的方式編寫。

2. 請設計一個名為 oops 的函式，只要調用它，就會產生「IndexError」例外。故請編寫另一函式（名稱為 doomed），該函式中須內含 try/except 敘述，以便調用 oops 函式時，即能掌握該例外錯誤，並輸出該訊息。

網路爬蟲的簡單範例

在本章中，我們將學習製作「網路爬蟲」程式的基本概念與技巧。透過一個名爲「自由時報電子報」的網站，我們嘗試來學習文字爬蟲，目的則爲「查看目前自由時報電子報的前五大熱門新聞標題」。

8-1　網路爬蟲（Web Scraping）

讓我們先來認識一下，本章中所謂的「網路爬蟲」之意涵到底爲何？簡而言之，「網路爬蟲」是一種從網頁中提取所需資訊的技術。它有時也被稱爲「Web Crawler」。在了解如何抓取網頁資訊之前，讓我們先來了解看看，一般 Web Server（網路伺服器）須要做什麼樣的處理，才能讓網頁順利的於使用者的瀏覽器中顯示出資訊。

無論是使用個人電腦或者是智慧型手機，使用者都可以透過拜訪各類網站而獲得多種資料或資訊。而任何網站的伺服器處理，肯定都會遵循標準的既定程序（通訊協定）來回應使用者所需求的資訊服務。

網路伺服器（網站端、伺服器端）是一種在執行必要的程式後，以回應使用者之資訊需求與提供資訊服務的伺服器。當我們將請求服務的信息發送到網路伺服器時，隨後我們將於自己的瀏覽器（如：Google Chrome）中，收到伺服器所回應的必要資訊。在這種情況下，「請求服務」的信息稱之爲「Request」，而來自網路伺服器所「回應的資訊」則稱之爲「Response」。使用者從網路伺服器處所接收到的資訊屬 HTML 格式，其內部描述了諸如：文字、圖像、影音等的資訊。使用者之瀏覽器的主要功能就在於，能解譯這種 HTML 中的資訊，並以人類可閱讀的格式將其顯示在瀏覽器中。此外，能與這種網路伺服器進行 HTML 交互溝通的機制，即稱之爲 HTTP 通訊協定。茲將上述通信機制中，常用的專有名詞，臚列如表 8-1。

表 8-1　HTTP 通訊協定之相關專有名詞

名詞	意　　義
Web Server	網路伺服器，它是種能提供網路上各種資訊需求服務的伺服器。
Request	使用者對網路伺服器所發出的請求服務訊息。
Response	網路伺服器對使用者之請求服務訊息的回應。例如：在使用者的瀏覽器中，所實際顯示出的資訊（HTML 檔案）。
HTML	Hyper Text Markup Language 的縮寫。它是一種用於描述網站訊息的方法，且可以在其內允許超連結、置入圖像或影音等功能。
HTTP 通訊協定	其為與網路伺服器交換 HTML 時的通訊機制。Request 和 Response 都是透過 HTTP 通訊協定來進行解析的。

8-2　網路爬蟲的執行步驟

網路爬蟲是指從特定網站中，提取到您所想要的資料，並加以處理成有用資訊的技術。從網路提取並收集所需資料的技術，聽起來似乎很神奇。雖然如此，所收集的資料還是要經過一些必要的處理，才能真正符合我們的資訊需求呀！一般而言，進行網路爬蟲時的必要處理步驟如下：

1. 向網路伺服器發送請求服務的訊息，以獲取網頁資訊。
2. 從網路伺服器所回應的 HTML 檔案中，萃取出所需的內容。
3. 將所需的資訊，用簡單的格式進行輸出或儲存。

一、向網路伺服器發送請求服務的訊息，以獲取網頁資訊

首先，須向目標網站之網路伺服器發送請求服務的訊息。要在 Python 中執行此項操作，須使用到「requests」程式庫（library）或稱為「requests」模組。「requests」模組是一個很實用的 Python HTTP 用戶端程式庫，於編寫爬蟲程式和測試伺服器回應資料時，會經常用到。甚至也可以大膽的說，「requests」模組的功能，已完全滿足了現今使用者對網路服務的需求。

二、從網路伺服器所回應的 HTML 檔案中，萃取出所需的內容

從網路伺服器所回應的 HTML 檔案中，充滿了各式各樣的 HTML 標籤符號（tag），故通常很複雜、難以閱讀。此外，或許 HTML 檔案中還包含著我們根本不需要的資料。因此，有必要再加以處理與萃取。還好，Python 有提供一個功能強大的 HTML 解析模組，名為「BeautifulSoup」模組，利用「BeautifulSoup」模組就能方便地從 HTML 中提取出所需的資訊。

三、將所需的資訊，用簡單的格式進行輸出或儲存

當提取出所需的資訊後，尚須將其轉換為易於使用的格式以顯示它，或將其儲存於檔案或資料庫中。否則，縱使您辛苦的提取這些資訊，但卻也無法利用它、分析它，那也將毫無意義。根據資訊輸出的格式或內容，或許有些資訊使用簡單的 format 方法，就可格式化的顯示出來；但若可輸出到檔案、或儲存成 Excel 檔案或資料庫中，那麼所獲得的資訊，未來於應用層面上將更為廣泛。

具備這些基礎知識後，從下一節起，我們就來示範如何實現一個簡單的網路爬蟲程式。

8-3　向網路伺服器發送請求服務的訊息

在網路爬蟲中，Python 程式所扮演的角色為：能透過網際網路（internet）而拜訪網站，並利用該程式嘗試將所請求之網頁的相關資訊呈現出來。如先前的介紹，首先，我們須先向網路伺服器發出請求服務的訊息。這時，我們將會用到「requests」模組，因此必須先於 Python 程式中進行匯入該模組的動作。但是，由於「requests」模組屬第三方程式庫（third party library），非 Python 內建的程式庫，故匯入前需先確認「requests」模組是否已安裝妥當，若尚未安裝，則須先行安裝後，才能使用。

8-3-1　安裝「requests」模組

安裝時，使用 Windows 系統中的「命令提示字元」就可。請先打開「Windows 命令提示字元」，確認電腦已連上網際網路後，於「C:\>」後方，輸入下列語法：

> pip install requests

輸入後，即可開始安裝「requests」模組，如圖 8-1。

圖 8-1　安裝「requests」模組

安裝完成後，請於「C:\>」後方，輸入「Python」，以啟動 Python 直譯式互動介面（>>>），測試看看「requests」模組是否能正常運作！請先匯入「requests」模組，如：

```
>>> import requests
>>>
```

輸入「import requests」後，按 Enter 鍵，如果沒有出現任何訊息的話，代表「requests」模組已匯入完成，可以於程式中使用了。如果出現以下的錯誤訊息，則代表安裝失敗。在這種情況下，請確認你的電腦是否已正確連接到 Internet，若已連線，則再下一次「pip install requests」命令，再次安裝即可。

```
>>> import requests
Traceback (most recent call last):
   File "<stdin> ", line 1, in <module>
ModuleNotFoundError: No module named 'requests'
>>>
```

8-3-2　使用「requests」模組

成功匯入「requests」模組後，我們將拜訪「自由時報電子報」網站。我們嘗試透過「自由時報電子報」網站來學習爬蟲，目的則為「查看目前自由時報電子報的政治版內，前五大熱門新聞標題」。「自由時報電子報」網站的政治版之網址如下：

```
https://m.ltn.com.tw/breakingnews/politics/1
```

請輸入如下的程式碼，就可傳回伺服器的回應結果。

```
>>> import requests
>>> requests.get('https://m.ltn.com.tw/breakingnews/politics/1')
<Response [200]>
```

　　輸出結果顯示為「<Response [200]>」。在上述的程式碼中，「requests. get(url)」（url 表網站之網址）可以使網路伺服器傳回一個用以回應使用者請求的資訊物件。透過此資訊物件（HTML 檔案），就可以獲取「自由時報電子報」網站上的資訊了。此外，亦會傳回代表網路伺服器之回應狀況的狀態碼（status code）。網路伺服器所能回應之狀態碼種類頗多，這些狀態碼的意義，如表 8-2 所示。例如：「<Response [200]>」即代表使用者端送出 get 請求到遠端的網路伺服器後，網路伺服器接受了這個請求（即請求成功）之意。另外也可使用下列的方式，取得網路伺服器所回應的狀態碼。

```
>>> import requests
>>> requests.get('https://m.ltn.com.tw/breakingnews/politics/1').status_code
200
```

表 8-2　網路伺服器可回應的狀態碼

狀態碼	意義	說　明
200	OK	伺服器已成功的處理了請求。通常，這表示伺服器已回應並回傳了請求的網頁。
403	Forbidden	伺服器拒絕請求。
404	Not Found	伺服器找不到使用者所請求的網頁，即所請求的網頁不存在時，就會傳回此代碼。
500	Internet Server Error	伺服器內部錯誤，無法完成請求。
503	Service Unavailable	服務不可用，伺服器目前暫時無法使用。通常，這只會是一種暫時的狀態。

　　讓我們來看看，所傳回的資訊物件中包含哪些資訊？當我們使用「requests. get(url)」從網路伺服器得到所回應的資訊物件後，通常也會使用一個變數來收納它，否則程式中每次須要使用該物件時，就須再執行一次「requests.get(url)」，這樣可能會給網路伺服器帶來不必要的負荷。故在此，我們將以 result 變數來接

收網路伺服器所傳回的物件。

```
>>> import requests
>>> result = requests.get('https://m.ltn.com.tw/breakingnews/politics/1')
>>> result
<Response [200]>

>>> result.status_code
200
```

我們得到了與沒有使用變數來接收時的相同結果。也就是說，result 變數（屬物件）儲存了執行「requests.get()」後的請求結果。接下來，我們想了解一下，到底網路伺服器回傳了哪些訊息內容？想必就是我們所要求的網頁吧！因此，我們想看的不是狀態碼而已，而是該傳回物件本身的文字內容。這時，就需要使用該 result 物件的「.text」屬性來達成目標。

```
>>> import requests
>>> result = requests.get('https://m.ltn.com.tw/breakingnews/politics/1')
>>> result.text

'<!DOCTYPE html><html lang="zh-Hant-TW"><head prefix="og:
http://ogp.me/ns#" itemscope=""
itemType="http://schema.org/WebSite"><title data-react-helmet="true">全部
- 自由時報電子報</title><meta data-react-helmet="true"
name="description" content="不想錯過任何有趣的話題嗎？趕快加入我們吧！"/><meta
data-react-helmet="true" property="og:description" content="不想錯過任 何有趣的
話題嗎？趕快加入我們吧！"/><meta data-react-helmet="true" property="og:image"
content="https://www.自由時報電子報.tw/build/landing-c9e7b8fb.png"/><meta data-react-
helmet="true" property="og:image:secure_url" content="https://www.自由時報電子報.tw/
build/landing-c9e7b8fb.png"/>
(以下略)
```

從輸出結果，不難發現網路伺服器所傳回的資訊物件，其實就是 HTML 原

始碼。而且，當您使用瀏覽器查看「自由時報電子報」網站政治版網頁的原始碼時，你所看到的 HTML 標籤碼和文字訊息會跟「result.text」所呈現的內容一模一樣。HTML 原始碼看起來是如此的混亂，但透過瀏覽器就可解析 HTML，而成為友善且易於閱讀的文件。

　　爬蟲程式進行到此，可以確信的是，我們已經爬取到了所要分析之網站的所有資料了（雖然有點雜亂）。回顧一下上述的編碼過程，這過程就是使用「requests」模組從網站獲取資料的基本方法，盤點一下這個過程：

　　1. 在「requests.get()」的參數中，指定要爬取之網站的網址（url）。

　　2. 以變數儲存「requests.get(url)」的結果。

　　3. 使用「result.text」取得該網站的 HTML 原始碼。

　　上述過程中，我們在「命令提示字元」中，使用 Python 直譯互動式介面（>>>），來編寫、測試、執行程式。另外，亦可彙整上述過程的所有程式碼，利用「Visual Studio Code」而編寫成程式檔（ex8-1.py），然後執行的話，所得到的結果也會是一樣的（編寫、執行程式的方式，可掃描 1-5 節中，圖 1-2 的 QR Code，而觀看影音教材）。

程式檔	ex8-1.py
1	import requests
2	
3	result = requests.get('https://m.ltn.com.tw/breakingnews/politics/1')
4	print(result.text)
執行結果	
1	<!DOCTYPE HTML><html lang="zh-Hant-TW"><head> <base href="//m.ltn.com.tw/"/>　　<meta charset="utf-8">　　<meta name="viewport" content="width=device-width, initial-scale=1.0, user-scalable=no, minimum-scale=1.0, maximum-scale=1.0"/>　　<meta http-equiv="Expires" content="0"> <meta http-equiv="Cache-Control" content="no-cache"/>　　<meta name="robots" content="index,follow"/>

```
<meta name='ltn:device' content='M'/>    <meta property="fb:app_id"
content="140490219413038">   <meta property="og:type" content="website"/>
<title>政治新聞總覽 - 即時 - 自由時報電子報</title>
<meta property="og:title" content="政治新聞總覽 - 即時 - 自由時報電子報" />
<meta name="keywords" content="政治新聞" /><meta name="news_keywords"
content="政治新聞" />

(以下略)
```

以上的過程，只是獲取網頁資料的第一步而已。雖然，它只是一個 3 行指令的程式檔，其執行結果所包含的文字資料（HTML 原始碼），卻是相當複雜的。這些複雜的 HTML 程式碼，若以瀏覽器來閱讀的話，將容易許多。但是，作為一個程式執行後的結果，它看起來就是令人煩惱啊！在下一節中，我們將繼續編寫程式，以從上述的 HTML 原始碼中，萃取出真正所需的資訊（前五大熱門新聞標題）。

8-4　解析網頁資訊

到目前為止，我們已成功的使用 Python 程式，從網站中獲取網頁的 HTML 原始碼了。但是，正如我們已經解釋過幾次的，當我們從網頁獲取資訊時，我們遇到了以下的問題：

1. 所獲得的 HTML 原始碼實在很難以閱讀。

2. 所獲得的 HTML 原始碼之蘊含資訊，比我們真正所需求的資訊多出很多。

因此，接下來必須想辦法來解析 HTML 原始碼。這樣才能去繁為簡，進而萃取出所需資訊。還好，Python 利用一個功能強大且簡單易用的 HTML 解析模組，名為「BeautifulSoup」，來幫我們解決困擾，輔助我們完成上述工作。由於「BeautifulSoup」也屬第三方模組（third party library，非 Python 內建模組之意），所以使用前，尚須利用「pip」命令來進行安裝。請注意，最新版的

「BeautifulSoup4」，已註冊於 PyPI（Python Package Index）網站中，故本書將安裝此版本。安裝時，請先打開「Windows 命令提示字元」，然後於「C:\>」後方輸入下列語法：

> pip install BeautifulSoup4

　　輸入後，即可開始安裝「BeautifulSoup4」模組，如圖 8-2。

圖 8-2　安裝「BeautifulSoup4」模組

　　安裝完成後，可以啓動直譯式互動式介面，查看是否已匯入「BeautifulSoup4」模組。請注意，匯入時必須先打上「from bs4」。

>>> from bs4 import BeautifulSoup
>>>

與「requests」模組一樣，若沒有顯示出任何內容，代表安裝成功。

8-4-1 HTML 原始碼簡介

在爬取網頁中之有用資訊時，通常就是在對存在於網頁中的文字或各種不同的標籤（tag）、標籤屬性值來進行搜尋，進而運用字串操作技巧來完成萃取資訊的任務。因此，讀者有必要先行理解HTML原始碼的構造與各種標籤的意義。

我們從瀏覽器（如：Google Chrome、Internet Explorer）所看到的漂亮網頁，其實主要是由三個部分所構成的：HTML（網頁的主要結構）、CSS（網頁的樣式設計）與 JavaScript（在瀏覽器端執行，負責與使用者互動的程式碼）。對於網頁或爬蟲的初學者來說，最重要的觀念就是要去了解：網頁就是由各式標籤所組成的階層式文件，要取得所需的網頁區塊資料，只要用 tag 與相關屬性去定位、找出資料之所在位置即可。例如：下面的文字是一個簡單的網頁及其原始碼：

```html
<html>
  <head>
    <title>這裡是網頁標題</title>
    <style>
    .large {
      color:blue;
      text-align: center;
    }
    </style>
  </head>
  <body>
    <h1 class="large">這是個有顏色且置中的抬頭</h1>
    <p id="p1">這是段落一的資訊內容</p>
    <p id="p2" style="">這是段落二的資訊內容</p>
    <div><a href='http://blog.castman.net' style="font-size:200%;">這是一個放大的
    超連結</a></div>
    <p id="p3" class="story">Once upon a time there were three little sisters; and their
    names were
```

```
      <a href="http://example.com/elsie" class="sister" id="link1">Elsie</a>,
      <a href="http://example.com/lacie" class="sister" id="link2">Lacie</a> and
      <a href="http://example.com/tillie" class="sister" id="link3">Tillie</a>;
      and they lived at the bottom of a well.</p>
    <p class="story">...</p>
  </body>
</html>
```

　　明顯的，HTML 原始碼內的每一敘述，大致上都呈現「< 標籤 屬性 > 文字內容 </ 標籤 >」的表達方式。也就是說，HTML 原始碼內存在著許多種不同的標籤（例如：<title>、<h1>、<img>、<p>、<a>…）。每種標籤都有其特殊的語義，以表示建構網頁時的不同元件（如表 8-3）。此外，標籤也可以具有各種屬性（例如：id、class、style 等通用屬性或 href 等專屬於 <a> 標籤的屬性）（如表 8-4）。所以，實務上我們可以用「標籤 + 屬性」去定位資料所在的區塊並取得資料（如圖 8-3）。

圖 8-3　定位資料方式

表 8-3 常用的標籤

標籤名稱	用途	標籤名稱	用途
\<title\>	網頁標題	\<img\>	影像、圖片
\<head\>	標示文件資訊	\<table\>	表格
\<body\>	標示網頁的內容	\<tr\>	表格內的列
\<h1\> -\<h6\>	內文標題	\<td\>	表格內的儲存格
\<br/\>	換行	\<font\>	字型、大小
\<a\>	超連結	\<p\>	段落

表 8-4 標籤的屬性

屬性名稱	意義
class	標籤的類別（可重複）
id	標籤的 id（不可重複）
title	標籤的顯示資訊
style	標籤的樣式
href	超連結
data-*	自行定義新的屬性

8-4-2 BeautifulSoup 的搜尋方法

BeautifulSoup 是一個可用以解析 HTML 原始碼的模組。讓我們來看看它是如何運作的。在此，我們將利用前一節中的 HTML 原始碼，來進行相關操作。首先，直接指定 HTML 原始碼的內容給一個變數（名為 html_doc）。指定時以「html_doc = """HTML 原始碼 """」的方式來進行，在 Python 中，長字串時須用一對「"""」包圍起來。

```
>>> html_doc = """
... <html>
...     <head>
...         <title>這裡是網頁標題</title>
...         <style>
...         .large {
...             color:blue;
...             text-align: center;
...         }
...         </style>
...     </head>
...     <body>
...         <h1 class="large">這是個有顏色且置中的抬頭</h1>
...         <p id="p1">這是段落一的資訊內容</p>
...         <p id="p2" style="">這是段落二的資訊內容</p>
...         <div><a href='http://blog.castman.net' style="font-size:200%;">這是一個放大的
...         超連結</a></div>
...         <p id="p3" class="story">Once upon a time there were three little sisters; and their
...         names were
...             <a href="http://example.com/elsie" class="sister" id="link1">Elsie</a>,
...             <a href="http://example.com/lacie" class="sister" id="link2">Lacie</a> and
...             <a href="http://example.com/tillie" class="sister" id="link3">Tillie</a>;
...             and they lived at the bottom of a well.</p>
...         <p class="story">...</p>
...     </body>
... </html>
... """
```

接下來，該 BeautifulSoup 登場了，由於我們已直接指定了 HTML 原始碼，所以利用 BeautifulSoup 來直接讀取就好，不必用到 requests 模組。

```
>>> from bs4 import BeautifulSoup
>>> soup = BeautifulSoup(html_doc, 'html.parser')
>>>
```

像這樣，我們預先匯入了 BeautifulSoup 模組，然後利用「BeautifulSoup (html_doc, 'html.parser')」就能將 HTML 原始碼轉換爲物件而儲存在變數（soup）中。在此，不難發現，讀取時，BeautifulSoup 須要兩個參數。第一個參數指定了所要解析的 HTML 原始碼；第二個參數則指定出進行解析時的處理類型。也就是說，第一個參數毫無疑問地接收了 HTML 原始碼的內容；然而，第二個參數解析的處理類型，就得好好思考要如何設定了。

Python 利用 BeautifulSoup 模組解析 HTML 原始碼時，最基本的處理就是利用特定的標籤與屬性去定位、以解離出所需資訊之所在區塊並取得資料。解析時，BeautifulSoup 就須要用到解析器（也是屬於一種模組），常用的解析器有：html.parser、lxml、html5lib 等三種，html.parser 是 Python 內建標準模組中所提供的解析器，而 lxml、html5lib 等則屬第三方解析器，使用前必須先安裝。這些解析器在使用環境、處理速度或容錯能力等方面都會具有一些差異性，如表 8-5。因此，實際解析 HTML 原始碼時，BeautifulSoup 的第二個參數，就允許使用者能就實際情況而挑選解析器。

表 8-5　常用之解析器的比較

解析器	類別	特　　　性
html.parser	標準	Python 的內建的標準模組，處理速度適中，容錯能力強。
lxml	第三方	使用前須先安裝，優點為處理速度最快，容錯能力亦強。
html5lib	第三方	使用前須先安裝，支援 HTML 5 語法，容錯能力最強，以與瀏覽器相同的方式進行解析，但處理速度較慢。

在此，我們並不要求高速處理，也不要求先進的處理技術。因此，使用 Python 的標準模組「html.parser」來當解析器就好，這樣最簡便。

接下來，我們來看看程式碼左側 soup 變數的值。BeautifulSoup 接收了 HTML 原始碼，並把這結果指定給 soup 變數。此時的 soup 變數就是一

個 BeautifulSoup 物件，它已具有一些內建的搜尋方法，可以針對 HTML 原始碼中的標籤與標籤的屬性來搜索、定位。此外，當 HTML 原始碼轉化為 BeautifulSoup 物件時，之所以稱之為物件，是因為 BeautifulSoup 將 HTML 原始碼中的各種標籤都予以物件化了，並依據 HTML 原始碼中各標籤的關係，製作成一種有利於定位與搜尋的樹狀結構，這種樹狀結構即稱之為網頁文件物件模型樹（Document Object Model Tree, DOM Tree，簡稱 DOM 文件樹）。如「html_doc」的 HTML 原始碼將被 BeautifulSoup 解析成如圖 8-4 的 DOM 文件樹。

```
└HTML
  ├HEAD
  │ ├#text:
  │ ├TITLE
  │ │ └#text: 這裡是網頁標題
  │ ├#text:
  │ ├STYLE
  │ │ └#text: .large { color:blue; text-align: center; }
  │ └#text:
  ├#text:
  └BODY
    ├#text:
    ├H1 class="large"
    │ └#text: 這是個有顏色且置中的抬頭
    ├#text:
    ├P id="p1"
    │ └#text: 這是段落一的資訊內容
    ├#text:
    ├P id="p2" style=""
    │ └#text: 這是段落二的資訊內容
    ├#text:
    ├DIV
    │ └A href="http://blog.castman.net" style="font-size:200%;"
    │   └#text: 這是一個放大的超連結
    ├#text:
    ├P class="story" id="p3"
    │ ├#text: Once upon a time there were three little sisters; and their names were
    │ ├A class="sister" href="http://example.com/elsie" id="link1"
    │ │ └#text: Elsie
    │ ├#text: ,
    │ ├A class="sister" href="http://example.com/lacie" id="link2"
    │ │ └#text: Lacie
    │ ├#text: and
    │ ├A class="sister" href="http://example.com/tillie" id="link3"
    │ │ └#text: Tillie
    │ └#text: ; and they lived at the bottom of a well.
    ├#text:
    ├P class="story"
    │ └#text: ...
    └#text:
```

圖 8-4　「html_doc」的 DOM 文件樹

　　BeautifulSoup 將 HTML 原始碼解析成 DOM 文件樹後，就可利用視覺化的方式輔助 BeautifulSoup 物件的各種搜尋方法，來找出有用資訊所屬的 Tag 區塊。BeautifulSoup 物件的搜尋方法，大致上可分為四種，如表 8-6 所示。

表 8-6　BeautifulSoup 物件的搜尋方法

方法	功　　能
find(name, attrs={}, recursive=True, text=None, **kwargs)	根據各類參數來找出對應的標籤，但只會傳回第一個符合條件的結果，它的傳回值是字串。
find_all(name, attrs={}, recursive= True, text=None, **kwargs)	根據各類參數來找出對應的標籤，但會傳回所有符合條件的結果，它的傳回值是串列。
select(參數)	當參數為標籤名稱時，即「select(' 標籤名 ')」。代表以 CSS 選擇器的方式，根據所指定的標籤名稱（參數）來篩選出資料，它的傳回值是串列。
	當參數為「'#id'」時，即「select('#id')」。代表以 CSS 選擇器的方式，根據所指定的 id 來篩選出資料，它的傳回值也是串列。
	當參數為「'.class'」時，即「select('.class')」。代表以 CSS 選擇器的方式，根據所指定的 CSS 類別（class）來篩選出資料，它的傳回值也是串列。
select_one(參數)	功能與 select() 類似，但只會傳回第一個符合條件的結果，它的傳回值是字串。

　　find() 與 find_all() 使用時都必須設定參數，其參數有多個時，組合起來即成為一個參數列。具體而言，該參數列有 name , attrs , recursive , text , **kwarg 等五種篩選條件參數，每個參數當然都是可選的，依使用者需求為主。這五個參數中 recursive , text , **kwarg 等三個參數用到的機會不多，在此僅針對 name 與 attrs 參數進行說明：

1. name：為標籤名，根據標籤名來篩選資料，例如：<a href="">xxxx</a> 的 name 就是 a。

2. attrs：為標籤的屬性，根據標籤的屬性對來篩選資料，attrs 為字典型態，

故賦值方式爲：{ 屬性名稱 : 值 }。

接下來，我們將藉由一些例子，來檢視這些搜尋方法的搜尋成果。

```
>>> from bs4 import BeautifulSoup
>>> soup = BeautifulSoup(html_doc, 'html.parser')
>>> soup.find_all('a')
[<a href="http://blog.castman.net" style="font-size:200%;">這是一個放大的超連結</a>,
<a class="sister" href="http://example.com/elsie" id="link1">Elsie</a>, <a class="sister"
href="http://example.com/lacie" id="link2">Lacie</a>, <a class="sister" href="http://example.
com/tillie" id="link3">Tillie</a>]
```

請觀察圖 8-4 的 DOM 文件樹，明顯的，以「soup.find_all('a')」來搜尋標籤名稱「a」時，將把 HTML 原始碼中，包含「<a>xxxxxxxx</a>」的區塊，全部篩選出來（共四個區塊），而且以串列的方式來收納這些區塊。而若使用「soup.find ('a')」時，則只會篩選出第一個包含「<a>xxxxxxxx</a>」的區塊，如：

```
>>> soup.find('a')
<a href="http://blog.castman.net" style="font-size:200%;">這是一個放大的超連結</a>
```

除了運用標籤名稱搜尋外，若要能更精確的篩選，也可以再加上標籤之屬性的篩選條件。如：

```
>>> soup.find_all('a',{"class":"sister"})
[<a class="sister" href="http://example.com/elsie" id="link1">Elsie</a>, <a
class="sister" href="http://example.com/lacie" id="link2">Lacie</a>, <a
class="sister" href="http://example.com/tillie" id="link3">Tillie</a>]
```

在「soup.find_all('a',{"class":"sister"})」中，除了使用標籤名稱「a」外，尚加入了屬性「class」的篩選條件，須注意的是標籤之屬性的篩選條件，要使用字

典型態來描述。事實上，除了「class」屬性使用時須用字典型態描述外，其餘屬性使用賦值方式即可。如：

```
>>> soup.find('a', id="link2")
<a class="sister" href="http://example.com/lacie" id="link2">Lacie</a>
```

上述程式碼中，「id="link2"」即是所謂屬性之賦值方式。由於「id」屬性是獨一無二的，因此，使用「soup.find()」方法即可。也因為「id」屬性是獨一無二的，所以上述的篩選條件其實也不必使用到標籤名稱「a」，直接使用「id」屬性即可。如：

```
>>> soup.find(id="link2")
<a class="sister" href="http://example.com/lacie" id="link2">Lacie</a>
```

另外，HTML 原始碼中也常存在著各種 CSS（Cascading Style Sheets, 層疊樣式表）。它不僅可以靜態地修飾網頁，還可以配合各種腳本語言而動態地對網頁各元素進行格式化。在 BeautifulSoup 物件或 Tag 區塊（bs4.element.Tag）的「select()」方法中，以傳入字串參數的方式，就可以使用 CSS 選擇器的語法規則來找到所需要的標籤節點。CSS 選擇器共有四種，包含標籤名稱選擇器、類別（class）選擇器、id 選擇器，和組合選擇器（各選擇器的使用方法，請參閱第10-5 節）。

8-5　BeautifulSoup 的運用：於自由時報電子報網站進行爬蟲

具備 BeautifulSoup 的基本知識後，我們就來實務的解析「自由時報電子報」政治版之網頁的原始碼吧！讓我們來看看它是如何運作的。這次我們想解析的是

一個實際的網頁，所以首先，請先使用 requests 模組從「自由時報電子報」政治版網頁獲取 HTML 原始碼。

```
>>> import requests
>>> from bs4 import BeautifulSoup
>>> result = requests.get('https://m.ltn.com.tw/breakingnews/politics/1')
>>>
```

可以看到，我們預先匯入了 requests 與 BeautifulSoup 模組，然後利用「requests.get(url)」就能從「自由時報電子報」政治版網頁獲取 HTML 原始碼了，並且將把所獲得的 HTML 原始碼儲存在變數 result 中。接下來，就開始來實際使用 BeautifulSoup 模組來解析這個 HTML 原始碼。請嘗試輸入下列的程式碼：

```
>>> soup = BeautifulSoup(result.text, 'html.parser')
```

再來看看 BeautifulSoup 的處理過程吧！BeautifulSoup 須要兩個參數。第一個參數指定了要解析的 HTML 原始碼；第二個參數則指定出進行解析時的處理類型。也就是說，第一個參數毫無疑問地接收了「requests.get(url)」所傳回的結果；然而，第二個參數解析的處理類型，雖然有 html.parser、lxml、html5lib 等三個解析器可選，但在此，我們並不要求高速處理 , 也不要求先進的處理技術。因此，使用 Python 的標準模組「html.parser」來當解析器就好，這樣最簡便。

接下來，我們來看看程式碼左側 soup 變數的值。BeautifulSoup 接收了使用「requests.get(url)」所傳回的結果，並把這結果轉換爲 BeautifulSoup 物件，然後指定給 soup 變數。由於 soup 變數本質上屬 BeautifulSoup 物件，因此，接下來就可運用 BeautifulSoup 的搜尋方法於 HTML 原始碼中，進行定位、搜索標籤等萃取資訊的任務了。

然而，對於複雜的 HTML 原始碼之解析，並不是件容易的事。故實務上通

常會運用 DOM 文件樹的相關概念。DOM 文件樹能將 HTML 原始碼中的每個標籤都轉化爲物件，且構造成一個樹狀結構。這樣做的優點是：透過物件本身所具有的各種訪問、搜尋或篩選方法，就可簡單的走訪整棵樹而定位出所需資料的確切位置。而本章中所將介紹的 BeautifulSoup 模組，就是一種能透過對 HTML 的解析（如使用 html.parser 解析器）而將 HTML 文件轉換爲 DOM 文件樹的模組。因此，有了 DOM 文件樹的輔助，再透過 BeautifulSoup 模組所提供的諸多方法，就能輕易的協助使用者訪問、搜尋或篩選 DOM 文件樹，進而萃取出所需資訊了。

　　由於從伺服器所回傳的 HTML 原始碼通都是雜亂無章、難以閱讀的。其實，使用者也可以透過 BeautifulSoup 物件（soup）的「prettify()」方法，而將 HTML 原始碼重新排版，如：

```
>>> print(soup.prettify())

<!DOCTYPE HTML>
<html lang="zh-Hant-TW">
 <head>
  <base href="//m.ltn.com.tw/"/>
  <meta charset="utf-8"/>
  <meta content="width=device-width, initial-scale=1.0>
  <meta content="0" http-equiv="Expires"/>
  <meta content="no-cache" http-equiv="Cache-Control"/>
  <meta content="index,follow" name="robots"/>
  <meta content="M" name="ltn:device"/>
  <meta content="140490219413038" property="fb:app_id"/>
  <meta content="website" property="og:type"/>
  <title>
   政治新聞總覽 - 即時 - 自由時報電子報
  </title>
  <meta content="政治新聞總覽 - 即時 - 自由時報電子報" property="og:title"/>
  <meta content="政治新聞" name="keywords"/>

(以下略)
```

使用「print(soup.prettify())」後，HTML 原始碼看起來美觀多了。接著，由於 soup 物件本身一個 DOM 文件樹，若能將 HTML 原始碼以 DOM 文件樹的方式表達出來，那麼未來萃取資料時，更形方便。所以，接下來，就來示範如何將 HTML 原始碼轉化成 DOM 文件樹的過程。

首先，將由執行「print(soup.prettify())」後所產生的已排版 HTML 原始碼全部予以複製，然後貼到線上軟體「Live DOM Viewer」（https://software.hixie.ch/utilities/js/live-dom- viewer/）中，就可將 HTML 原始碼轉化成 DOM 文件樹。但有時，當你把 HTML 原始碼貼到「Live DOM Viewer」時並不會產生 DOM 文件樹，這時只要於 HTML 原始碼中，把 <head> 和 </head> 之間的所有資料清空刪除掉，當可順利地顯示出 DOM 文件樹，如圖 8-5。

圖 8-5　DOM 文件樹

自由時報 | 即時 政治 社會 生活 國際 地方 人物 蒐奇 影音 財經 娛樂 寵伴 NEW
Liberty Times Net | 汽車 時尚 體育 3C 評論 玩咖 食譜 健康 地產 專區 TAIPEI TIMES

20:49
港警對「暴徒」驚天第1槍！汪浩：官逼民反、中共懂嗎？

20:49
狠酸韓國瑜「有錢卻裝沒錢」！黃光芹80字回應顏清標...

20:40
「我用雙眼關注香港！」黃偉哲不跟風遮右眼被讚爆

20:38
韓國瑜做這「阿撒不魯」的事 挺韓名嘴忍不住再開砲！

20:32
搞丟台灣護照 劉樂妍急問國台辦：要怎麼回去？

圖 8-6 「自由時報電子報」政治版之網頁內容

　　由圖 8-5 的 DOM 文件樹，再對照圖 8-6，瀏覽器上所顯示出的「自由時報電子報」政治版之網頁內容，可以發現，「自由時報電子報」政治版網頁目前最熱門的新聞標題為─港警對「暴徒」驚天第 1 槍！汪浩：官逼民反、中共懂嗎？。第二熱門的新聞標題為─狠酸韓國瑜「有錢卻裝沒錢」！黃光芹 80 字回應顏清標 ...。第三熱門的新聞標題為─「我用雙眼關注香港！」黃偉哲不跟風遮右眼被讚爆。從這些標題的標籤（tag）觀察，這些標題都位於「UL」→「LI」→「A」→「P」之 Tag 區塊的「Text」屬性內。在這種情形下，我們可以推測自由時報電子報網站之新聞標題，應都是放在「UL」→「LI」→「A」→「P」之 Tag 區塊的「Text」屬性內無誤。據此，我們就可以使用 BeautifulSoup 的 select()

方法，篩選條件「' UL > LI >P '}」（參考第 10-5 節，四、組合搜尋之說明），來搜尋 HTML 原始碼，以篩選出「自由時報電子報」政治版網頁中所列出的熱門前五大新聞標題。其程式碼如「8-2.py」。

程式檔	ex8-2.py
1	import requests
2	from bs4 import BeautifulSoup
3	
4	result = requests.get('https://m.ltn.com.tw/breakingnews/politics/1')
5	soup = BeautifulSoup(result.text, 'html.parser')
6	news_title = soup.select('ul > li > a > p')
7	
8	print('自由時報電子報政治版熱門前五大新聞標題：')
9	count = 0
10	for item in news_title[0:5]:
11	count += 1
12	print("{0:2d}. {1}".format(count, item.text))
執行結果	
1	自由時報電子報政治版熱門前五大新聞標題： 1. 港警對「暴徒」驚天第1槍！汪浩：官逼民反、中共懂嗎？ 2. 狠酸韓國瑜「有錢卻裝沒錢」！黃光芹80字回應顏清標... 3. 「我用雙眼關注香港！」黃偉哲不跟風遮右眼被讚爆 4. 韓國瑜做這「阿撒不魯」的事 挺韓名嘴忍不住再開砲！ 5. 搞丟台灣護照 劉樂妍急問國台辦：要怎麼回去？

在程式碼「ex8-2.py」中，於第 6 行使用「select」方法，篩選出所有在「UL」→「LI」→「A」→「P」之階層結構下的Tag區塊。找到的Tag區塊會放入「news_

title」這個串列變數中。因此,「news_title」串列的每一個元素都是一個「UL」
→「LI」→「A」→「P」所涵蓋的 Tag 區塊,當然這個區塊的「Text」屬性就是
熱門的新聞標題啦!

接著,於第 10 行使用遍歷技術(for item in news_title),把各個區塊取出
(在此只取出前五個標題)。從區塊中萃取出標題時,只要再使用「.text」這個
屬性即可,最後即可印出「自由時報電子報政治版熱門前五大新聞標題」了。雖
然,目前讀者看到的標題是如上述「ex8-2.py」中的「執行結果」。但是,「自
由時報電子報政治版熱門前五大新聞標題」會隨時更新,所以當讀者自己執行該
程式碼時,其結果應會跟「ex8-2.py」的「執行結果」有所差異,這點讀者應能
理解。

至於,如何將 HTML 原始碼轉成 DOM 文件樹的過程,讀者也可以透過下
列的 QR Code,以影音檔的方式,來觀看其轉換過程。

圖 8-7　製作 DOM 文件樹

除了上述使用 DOM 文件樹來輔助搜尋、篩選 Tag 區塊外,也可以使用
Google Chrome 的網頁開發人員工具(web developer tool)。

既然我們的目標是要篩選出「自由時報電子報政治版熱門前五大新聞標
題」,那麼就有必要來了解一下,在自由時報電子報網站中,每個「文章標題」
是怎麼被顯示出來的,也就是要去了解「新聞標題」這個區塊的 HTML 原始

碼到底是長得怎樣，了解後，就能根據其所使用的標籤名稱，甚至是標籤的屬性，而篩選出「自由時報電子報政治版」所有的新聞標題了。

過去我們使用 DOM 文件樹。現在，我們就來使用 Google Chrome 的網頁開發人員工具（web developer tool）來試看看。

首先，以 Google Chrome 瀏覽器開啓自由時報電子報網站（https://m.ltn.com.tw/breakingnews/politics/1）（如圖 8-8），然後按「F12」鍵，即可在視窗右半邊開啓網頁開發人員工具介面。接著，點選工具介面的「Elements」頁面，於 HTML 原始碼中點一下，再按「Ctrl+F」鍵，即可於工具介面下方出現「字串搜尋」輸入欄，此時便能開始於 HTML 原始碼中搜尋字串。如圖 8-9。

圖 8-8　「自由時報電子報」政治版之網頁內容

圖 8-9 網頁開發人員工具介面

　　於圖 8-8 中可見，目前「自由時報電子報」政治版之網頁內容的第一個標題爲「沒請塔羅牌大師算命！郭台銘：是他稱重病要見我」，我們就以這個標題，來檢視它的 HTML 原始碼。首先，於圖 8-9 之網頁開發人員工具下方的「字串搜尋」輸入欄中輸入「沒請塔羅牌」五個字就好。輸入後，就可看到工具介面中已找出「沒請塔羅牌大師算命！郭台銘：是他稱重病要見我」這個標題的 HTML 原始碼。這個標題確實是在「UL」→「LI」→「A」→「P」之階層結構下的 Tag 區塊內。而且，左半邊之「自由時報電子報」政治版之網頁中的標題「沒請塔羅牌大師算命！郭台銘：是他稱重病要見我」上方，也會出現「P」Tag 之訊息，其正代表著該標題所使用的標籤（P），如圖 8-10 所示。

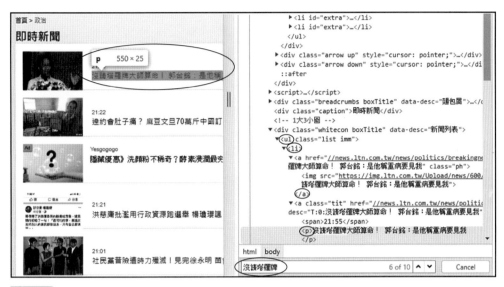

如此，就可簡單的得知各新聞標題所屬的 Tag 區塊了。雖然感覺上使用 Google Chrome 的網頁開發人員工具比 DOM 文件樹容易，但實務上，我們卻也常發現，網頁開發人員工具所指示出的 Tag 區塊，往往不是那麼精確。故實作上，仍建議讀者使用 DOM 文件樹來輔助搜尋，似乎是個較佳的決策。

如此，於自由時報電子報網站中「自由時報電子報政治版熱門前五大新聞標題」的爬蟲任務就完成了。是不是很簡單？希望讀者能多加練習。

向伺服器發送請求的
方式

在前章中，我們使用了一個簡單的爬蟲範例，說明了從網頁爬取資料的方法與過程。在本章中，我們將更深入的介紹 requests 模組，以應付各式各樣的爬蟲任務。

9-1　網頁爬蟲的基本步驟

首先，讓我們先來梳理一下，前章中「查看目前自由時報電子報五大熱門文章標題」之簡單爬蟲範例的過程。這個過程也適用於其它網頁之爬取任務，其基本步驟如下：

步驟 1：　確認目標網頁之 URL 網址

無庸置疑，網頁爬蟲的首要目標，即是識別並確認出目標網頁的 URL 網址。這些 URL 網址的多寡，視爬蟲者對資料的需求而定，有時可能只有一個，但亦可能是一組（多個）URL 網址。

步驟 2：　使用 requests 模組取得 HTML 網頁原始碼

如同前章的簡單爬蟲範例，雖然使用 requests 模組即可輕易取得網頁的 HTML 原始碼，但為因應各式製作網頁的技術，運用 requests 模組時，亦有多種方法，如送出具 / 不具參數的 GET 請求、送出簡單的 POST 請求、送出帶有參數（payload）形式的 POST 請求、送出帶有 Cookies、Session 的 POST 請求……。

步驟 3：　運用 BeautifulSoup 模組解析 HTML 原始碼

當網頁伺服器傳回 HTML 網頁後，運用 BeautifulSoup 模組即可解析 HTML 網頁並產生 DOM 文件樹，以利後續的搜尋、走訪 Tag 物件而萃取出所需的資料。

步驟 4：　使用 DOM 文件樹或瀏覽器的開發人員工具，分析網頁的 HTML 原始碼使用 DOM 文件樹或開發人員工具，可以輕易的在 HTML 原始碼中定位出符合爬蟲者需求的資料。定位後，可觀察該資料的 HTML

Tag，以便後續能於 Python 程式碼中利用各種字串函式處理這些 HTML Tag，以萃取出所需的資料。

步驟 5： 從解析後的結果中，取出並儲存所需資料

透過對 DOM 文件樹的搜尋、走訪 Tag 物件後，即可萃取出所需的資料，再經適當的文件格式整理後，即可將結果儲存成 JSON 格式文件、CSV 或 Excel 檔案。

在本章中，我們主要將針對「步驟 2：使用 requests 模組取得 HTML 網頁原始碼」進行較為深入的介紹，以因應各式各樣的網頁技術與內容，而順利取得其 HTML 原始碼。

9-2 送出簡單的 GET 請求

如果想要使用 Python 來下載、爬取網頁上的資料，最基本的作法就是以 requests 模組建立適當的 HTTP 請求，然後透過 HTTP 通訊協定，從網頁伺服器端下載指定之網頁的 HTML 原始碼。

而其實在載入網頁（HTTP 請求）的時候，也有幾種不同的方法，這幾種方法就是能否成功爬取網頁的關鍵所在。其中，最重要的方法就屬 GET 和 POST（當然還有其它的方法，例如：head, delete）了。剛開始接觸網頁構架的讀者或許會覺得複雜，但一般而言，請求一個網頁時，GET 和 POST 的請求方式約占了 95%。而事實上，很多網頁使用 GET 就可以了。而 POST 方法，則是須給伺服器發送些屬個人化之請求時使用，比如將你的帳號、密碼傳給伺服器，以讓它給你傳回一個含有你個人資訊的 HTML 文件時。

再從主動和被動的角度來看，POST 的中文意義是「發送」，感覺上比較有主動的意涵，也就是說由使用者控制著伺服器所應傳回的內容。而 GET 的中文意義是「取得」，應屬被動的。在此被動的情況下，使用者並沒有發送任何個人化資訊給伺服器，伺服器也因此不會根據你的個人化資訊而傳回與其它使用者不

同的 HTML 文件。

　　首先，我們來看看最簡單的 GET 請求，如同前章中「查看目前自由時報電子報五大熱門文章標題」的簡單爬蟲範例，這個 GET 請求中，直接以 URL 網址（https://m.ltn.com.tw/breakingnews/politics/1）向網頁伺服器要求回應 HTML 文件，且不帶任何形式的參數，如下所示：

程式檔	ex9-1.py
1	import requests
2	
3	res = requests.get('https://m.ltn.com.tw/breakingnews/politics/1')
4	if res.status_code == 200:
5	print('請求成功.....')
6	print(res.text)
7	else:
8	print('請求失敗.....')
執行結果	
1	請求成功..... <!DOCTYPE HTML> <html lang="zh-Hant-TW"> <head> 　<base href="//m.ltn.com.tw/"/><meta name="robots" content="index,follow"/><meta property="og:type" content="website"/><title>政治新聞總覽 - 即時 - 自由時報電子報</title> (以下略)

　　上述程式碼中，匯入 requests 模組後，即可使用 get() 方法，直接以 URL 網址之字串型式送出 HTTP 請求，接著將網頁伺服器所傳回的 response 物件設定成以變數 res 接收。這時，程式碼以 response 物件（res）的「status_code」屬性偵

測本次請求的狀態碼，如果狀態碼為 200，則表示請求成功，並將網頁的 HTML 原始碼列印出來；若狀態碼的值 400~599，則表示請求失敗，失敗原因則請讀者依狀態碼的值，查閱表 8-2。

9-3　送出帶有參數的 GET 請求

在前一節中，Python 爬蟲程式爬取了指定網頁的資訊，爬蟲發出的請求是一個固定的 URL，並沒有攜帶任何參數。但是爬蟲的過程中使用者所發出的請求，一般都需要加上請求參數，才能完成對指定內容的爬取。

如前所述，HTTP 的請求方式可分為 POST 請求和 GET 請求兩種。在 Python 爬蟲中，因這兩種請求方式的結構不同，所以請求時所須的參數亦有所不同。例如：使用 requests 模組發送請求時，GET 請求是使用 params 的方式攜帶參數；而 POST 請求則是使用 data 的方式攜帶參數。

使用 GET 請求的 Python 爬蟲比較簡單，由於 GET 請求以 params 為攜帶參數方式，故所請求的參數將會包含在 URL 位址中。因此，使用者只需要先確認請求參數，然後再將請求參數拼接到 URL 中即可，即「URL + 請求參數」（字串拼接）之意。例如：拜訪「Google 搜尋」網站，然後以「屏科大」為關鍵字進行查詢時，從瀏覽器的網址欄就可以輕易地觀察到，「Google 搜尋」之搜尋結果網頁的 URL 為「https://www.google.com/search?q= 屏科大」。

POST 請求則顯得「深藏不露」。使用者必須透過瀏覽器輸入或提交一些伺服器所需要的個人化資料（如帳號、密碼），才能傳回使用者所需的完整頁面。這點其實與 GET 請求的情況有點類似，但在這個過程中，瀏覽器的位址欄是不會發生跳轉的（URL 不會改變）。在這種情形下，POST 請求提交的資料是如何傳給伺服器的呢？這可以採用一些分析頁面的手段（如 Chrome 開發者工具）來獲取上傳的資料。POST 請求方式將在後續章節中作介紹，本節中將聚焦於 GET 請求的參數傳遞方式。

GET 請求時，所欲傳遞的參數會直接反映在 URL 裡面，其資料的格式為 key1=value1&key2=value2 形式，例如：「ex9-2.py」的程式碼，如下所示：

程式檔	ex9-2.py
1	import requests
2	
3	payload = {'key1': 'value1', 'key2': 'value2'}
4	res = requests.get('http://httpbin.org/get', params=payload)
5	if res.status_code == 200:
6	print('請求成功.....')
7	print(res.url)
8	else:
9	print('請求失敗.....')
執行結果	
1	請求成功..... http://httpbin.org/get?key1=value1&key2=value2

在 ex9-2.py 中，GET 請求所傳遞的資料必須先轉成字典型態，然後使用 params 的方式攜帶參數。明顯的，帶有參數的 GET 請求，其語法如下：

語法	requests.get('URL', params=欲傳送之資料的字典型態)

接著，再來爬取「Google 搜尋頁面」看看，「Google 搜尋頁面」的 URL 網址為「https://www.google.com」。當輸入查詢關鍵字「屏科大」、然後按「Google 搜尋」鈕後，URL 網址跳轉成：

https://www.google.com/search?source=hp&ei=2qLGW4jqNIGX8gWYibfgDw&q
=屏科大&oq=屏科大&gs_l=psy-ab.12..35i39k1l2j0l8.912332.912332.0.914936. 9.2.5.
0.0.0.74.74.1.2.0....0...1.1.64.psy-ab..2.7.156.6...71.WttoaByKqlQ

顯而易見，URL 網址變得相當複雜，在這樣的情形下，編寫爬蟲程式時，須學會運用 Chrome 開發者工具，以輔助獲取參數資料。首先，於搜尋之結果頁面上，按鍵盤的「F12」鍵，就可跳出 Chrome 開發者工具，如圖 9-1。

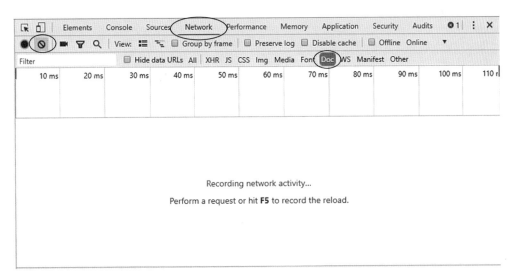

圖 9-1 Chrome 開發者工具

於 Chrome 開發者工具中，選擇「Network」後、再點選「Doc」。接著，按 ◎ 鈕以清空 Chrome 開發者工具的現有顯示資訊，然後按鍵盤的「F5」鍵重新整理搜尋後之結果頁面。此時，出現如圖 9-2 的網頁載入資訊畫面，可以發現在「Name」欄位下，第一個載入的頁面即為搜尋後之結果頁面（search?...）。點選該頁面，即可在 Chrome 開發者工具的右下側視窗看到該網頁的各項資訊。例如：在「Headers」分頁中可看到 Request URL、Request Method: GET、Status

Code、Response Headers(content-type)、Request Headers(cookie、referer、user-agent)、Query String Parameters 等訊息；而在「Response」分頁中則可看到搜尋結果網頁之 HTML 原始碼。

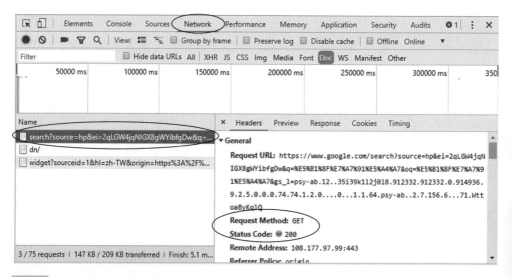

圖 9-2　網頁載入資訊畫面

從圖 9-2「Headers」分頁的「General」項目中可明白，Google 搜尋時主要的 URL 網址為「https://www.google.com/search」再加上所攜帶的資料。此外，請求方法確實為 GET 且請求成功（狀態碼：200）。URL 網址所攜帶的資料可以在「Headers」分頁的「Query String Parameters」項目中找到，如下：

```
source: hp
ei: 2qLGW4jqNIGX8gWYibfgDw
q: 屏科大
oq: 屏科大
gs_l: psy-ab.12..35i39k1l2j0l8.912332.912332.0.914936.9.2.5.0.0.0.74.74.1.2.
    0....0...1.1.64.psy-ab..2.7.156.6...71.WttoaByKqlQ
```

　　為了能在 Python 程式中獲取 GET 請求時的參數資料，必須將這些資料轉換成字典型態，然後再以 params 的方式攜帶參數，送出請求。其程式碼如下：

程式檔	ex9-3.py
1	import requests
2	
3	# Google 搜尋之 URL
4	google_url = 'https://www.google.com/search'
5	
6	#查詢參數

7	my_params = {
	　　'ei': '2qLGW4jqNIGX8gWYibfgDw ',
	　　'q': '屏科大',
	　　'oq': '屏科大',
	　　'gs_l': 'psy-ab.12..35i39k1l2j0l8.912332.912332.0.914936.9.2. 5.0.0.
	　　　　　0.74.74.1.2. 0....0...1.1.64.psy-ab..2.7.156.6...71.WttoaByKqlQ '
	　　}

8	
9	# 下載 Google 搜尋結果
10	res = requests.get(google_url, params = my_params)
11	
12	print(res.status_code)
13	# print(res.text)
執行結果	
1	200

　　上述程式碼中，先將 Google 搜尋網頁的「URL」、欲傳遞的「查詢參數」分別以變數存放，在第 10 行中使用 get() 方法以 URL 網址和 params 的方式攜帶

參數而送出 HTTP 請求，接著將網頁伺服器所傳回的 response 物件設定成以變數 res 接收。這時，程式碼以 response 物件（res）的「status_code」屬性偵測本次請求的狀態碼，如果狀態碼為 200，則表示請求成功，當然搜尋之結果網頁也可使用「res.text」的方式列印出來。

9-4　送出帶有參數的 GET 請求至 Ajax 網頁

　　一般狀況下，爬取網頁時，可能也有遇到過，有些網頁直接請求後所得到的 HTML 原始碼裡面，並沒有我們需要的資料，也就是沒有我們在瀏覽器中所看到的內容。這是因為這些資訊是透過 Ajax（Asynchronous Javascript And XML, 非同步的 JavaScript 與 XML 技術）方式而載入的緣故。因此，爬取網頁前，使用者也有必要先確認網站到底是屬何種類型？一般網頁製作技術可分為兩種類型：

(1) Page-Render：網頁資料不須透過其它方式就可直接呈現，因此相關資料連結或資料可在 Chrome 開發者工具的「Doc」分頁中找到。例如：9-3 中 Google 搜尋網頁的範例。

(2) Ajax：Ajax 技術是一種在無須重新載入整個網頁的情況下，便能夠更新部分網頁內容的技術。在這種技術下，其網頁資料必須由 JavaScript 來運作與呈現，因此資料連結或資料可在 Chrome 開發者工具的「XHR」或「JS」分頁中找到。這種網頁常有一個特徵，當使用者於網頁中進行搜尋時，若所搜出的資料很多時，一般會以分頁的方式，讓使用者能點擊翻頁連結或按鈕，以顯示更多的搜尋結果。但在 Ajax 技術下，使用者並不會在搜尋結果網頁中看到翻頁按鈕或連結，但當使用者於頁面最右端的卷軸向下拖動到頁面的最末尾時，網頁會自動的給我們加載出更多新的搜尋結果顯示。很多的購物網站的搜尋系統都利用到了 Ajax 技術，例如：PChome 24 小時購物網站。

　　我們就來示範用 Chrome 瀏覽器所提供 Chrome 開發者工具（即檢查功能）來找出 Ajax 網頁中，特定資料之存在位置。我們將利用 PChome 24 小時購物網站來介紹說明爬取 Ajax 網頁資料時，應注意哪些事項。

Step 1.　先在 PChome 24 小時購物網站中搜尋特定商品後，找出網站連結的路徑。例如：用瀏覽器於 PChome24 小時購物網站中搜尋「python 程式設計」。接著由 Chrome 開發者工具中「Network\All」頁籤中的第一個文件的「Headers」分頁中可以理解 PChome 24 小時購物網站資料查詢表單參數使用的方法為 GET，且 Request URL 為：「http://ecshweb. pchome.com.tw/search/v3.3/?q= python 程式設計」。如圖 9-3。

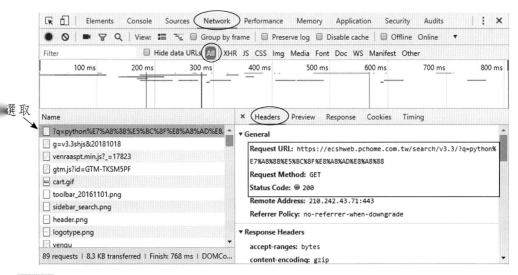

選取

圖 9-3　網頁載入資訊畫面

Step 2.　確認網站的類型。接著按「Response」分頁，查看 HTML 原始碼，卻發現該原始碼中並不存在任何商品資料，且於瀏覽器中拉動搜尋結果頁面的捲軸時，分頁資料即可陸續載入。因此，可研判此搜尋結果網頁應屬 Ajax 網頁。

Step 3. 確認網站類型後，於 Chrome 開發者工具中切換至「XHR」頁籤中，
然後按 ◎ 鈕，以清空現有的文件載入資訊，再按「F5」鍵重新載入網
頁，並查看「XHR」標籤中的資料，即可找出能顯示搜尋結果之網頁
的正確連結。另外，當於瀏覽器中拉動搜尋結果頁面的捲軸時，分頁
資料亦可陸續載入，使用者可從這些剛載入的文件中，找到各分頁資
料的連結。如圖 9-4。

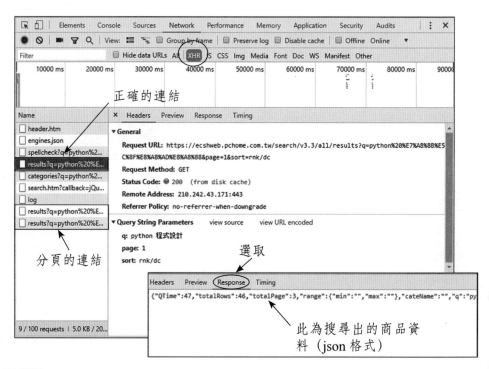

圖 9-4　找出資料正確的連結

Step 4. 於圖 9-4 中點選該正確的連結後，由「Headers」分頁中即可看到連結
的網址、GET 請求方法；而在「Response」分頁也可看到商品資料，
且商品資料相關資料為 JSON 格式（JavaScript Object Notation）。基本

上，JSON 是一種輕量級的資料交換格式。資料的體積小、易於讀寫、傳遞速度也快。JSON 文件格式屬純文字，猶如一堆字串，從資料外觀上看，其資料格式和 python 的字典，其實具有異曲同工之妙，幾乎完全相似。

Step 5. 獲得 JSON 格式資料後，接著可對 URL 內容進行修改，讓它更加簡潔也可以順利取得我們要的網頁資料。圖 9-4 中正確之連結的 URL 爲：

> https://ecshweb.pchome.com.tw/search/v3.3/all/results?q=python%E7%A8%8B%E5%BC%8F%E8%A8%AD%E8%A8%88&page=1&sort=rnk/dc

由於我們將使用攜帶參數（在 Headers 分頁中的 Query String Parameters 項目中可找到）發出 GET 請求，因此未來 Python 程式碼中，對於 URL 就指定成：

> https://ecshweb.pchome.com.tw/search/v3.3/all/results

就可以了，至於其它的參數項目，則以參數攜帶的方式來發出請求即可。例如：下列的程式碼：

程式檔	ex9-4.py
1	import requests
2	import json
3	url = 'https://ecshweb.pchome.com.tw/search/v3.3/all/results'
4	#查詢參數

5	`my_params = {`
	`    'q': 'python程式設計',`
	`    'page': '1',`
	`    'sort': 'rnk/dc'`
	`}`

6	
7	`res = requests.get(url, params = my_params)`
8	`data = json.loads(res.text)   #json字串轉成Python字典`
9	`print(data)`
10	

執行結果	

1	`{'QTime': 60,`
	`'totalRows': 44,`
	`'totalPage': 3,`
	`'range': {'min': '', 'max': ''},`
	`'cateName': '',`
	`'q': 'python程式設計',`
	`'subq': '',`
	`'token': ['python', '程式', '程', '式', '設計', '設', '計'],`
	`'prods': [{'Id': 'DJAA2V-A9009745Q',`
	`    'cateId': 'DJAA07',`
	`    'picS': '/items/DJAA2VA9009745Q/000002_1531107955.jpg',`
	`    'picB': '/items/DJAA2VA9009745Q/000001_1531107955.jpg',`
	`    'name': 'Python程式設計實務：從初學到活用Python開發技巧的16堂課（第二版）',`
	`    'describe': 'Python程式設計實務：從初學到活用Python開發技巧的16堂課（第二版）\\r\\n',`
	`    'price': 442,`
	`    'originPrice': 442,`
	`    'author': '何敏煌',`
	`    'brand': '博碩文化',`
	`    'publishDate': '2018/07/13',`
	`    'sellerId': '',`
	`    'isPChome': 1,`
	`    'isNC17': 0,`

```
     'couponActid': [],
     'BU': 'ec'},
    {'Id': 'DJAA2V-A9009BJ2Z',
     'cateId': 'DJAA07',
     'picS': '/items/DJAA2VA9009BJ2Z/000002_1534393766.jpg',
     'picB': '/items/DJAA2VA9009BJ2Z/000001_1534393766.jpg',
     'name': '遠端遙控木馬病毒程式設計：使用Python',
     'describe': '遠端遙控木馬病毒程式設計：使用Python\\r\\n',
     'price': 435,
     'originPrice': 435,
     'author': '北極星',
     'brand': '博碩文化',
     'publishDate': '2018/08/22',
     'sellerId': '',
     'isPChome': 1,
     'isNC17': 0,
     'couponActid': [],
     'BU': 'ec'},

(以下略)
```

　　在「ex9-4.py」中，以攜帶參數的方式送出 GET 請求的程式碼（第3~7行），基本上和「ex9-3.py」的請求方式是一模一樣的。在字典變數 my_params 中可發現「'page': '1'」元素，這個元素代表目前網頁只顯示所查詢到的第一頁商品（每頁 20 個）而已。由於我們事先即已知道商品資訊為 JSON 字串，為方便後續萃取出商品資料，在此使用「json.loads(res.text)」將 json 字串轉換成 Python 字典。觀察輸出結果，很容易可以發現，搜尋結果之第1頁的所有商品都放在「'prods'」鍵之下，且「'prods'」鍵的值為一個串列，串列中共包含了 20 個元素（20 本書），每個元素都是字典，該字典中即以鍵值對的方式，描述著每個商品的相關資料。例如：商品名稱即為「'name'」鍵的值；而售價則為「'price'」鍵的值。

　　由於所有商品資料已明確的可用字典型態表達出來，因此也就不用 BeautifulSoup 模組來輔助萃取了，直接用基本的字典方法，就可把第一頁的商品查詢結果萃取出來，程式碼如「ex9-5.py」。

程式檔	ex9-5.py
1	import requests
2	import json
3	url = 'https://ecshweb.pchome.com.tw/search/v3.3/all/results'
4	#查詢參數

5	my_params = {
	    'q': 'python程式設計',
	    'page': '1',
	    'sort': 'rnk/dc'
	}

6	
7	res = requests.get(url, params = my_params)
8	data = json.loads(res.text) #json字串轉成Python字典
9	#print(data)
10	
11	products = data['prods']
12	product_no = 0 #商品序號
13	
14	for product in products: #依序取出商品名稱、商品價格
15	product_no += 1
16	print(product_no, product['name'], product['price'])
執行結果	
1	1. Python程式設計實務：從初學到活用Python開發技巧的16堂課（第二版）442 2. 遠端遙控木馬病毒程式設計：使用Python 435 3. Python程式設計入門：金融商管實務案例（第三版）435 4. 我是小小程式設計師：自學Coding一玩就上手（免費程式設計軟體Scratch、 Python自學入門）（軟精裝）277 5. 精通Python 3程式設計（第二版）（平裝）537 6. Python GUI程式設計：PyQt5實戰 545 以下略(共有20項商品)

　　在程式碼「ex9-5.py」中，只能列出所搜尋出之商品的第一頁。若想能列出多頁的商品時，只須針對「ex9-5.py」稍加修改即可。修改的方向主要是將代表頁碼的參數「'page '」能隨迴圈計數變數（i）漸增（如 ex9-6.py 的第 7～9 行）即可；而若新頁已無「'prods'」鍵存在時，則代表已無商品，此時就可跳出迴圈，結束程式，完整程式碼如「ex9-6.py」。

程式檔	ex9-6.py
1	import requests
2	import json
3	
4	url = 'https://ecshweb.pchome.com.tw/search/v3.3/all/results'
5	product_no = 0
6	
7	for i in range(1,11):　#預計最多取出10頁就好
8	#查詢參數

9	my_params = {
	　'q': 'python程式設計',
	　'page': i,
	　'sort': 'rnk/dc'
	　}

10	
11	res = requests.get(url, params = my_params)
12	data = json.loads(res.text)
13	if 'prods' in data:　　　# 若分頁中尚有商品資訊
14	products = data['prods']
15	for product in products:　#依序取出商品名稱、商品價格
16	product_no +=1

17	print(product_no, product['name'], product['price'])
18	else:
19	break
執行結果	
1	1. Python程式設計實務：從初學到活用Python開發技巧的16堂課（第二版）442 2. 遠端遙控木馬病毒程式設計：使用Python 435 3. Python程式設計入門：金融商管實務案例（第三版）435 4. 我是小小程式設計師：自學Coding一玩就上手（免費程式設計軟體Scratch、Python自學入門）(軟精裝) 277 5. 精通Python 3程式設計（第二版）(平裝) 537 6. Python GUI程式設計：PyQt5實戰 545 (以下略)(共有44項商品)

9-5　送出帶有 Cookie 的 GET 請求

　　某些網站為了能辨別用戶身分或進行 Session 跟蹤，會經由網路伺服器發送出一些小訊息，然後將這些小訊息儲存在使用者之瀏覽器中，這些小訊息即稱之為 Cookie（通常會加密）。對於具有 Cookie 需求的伺服器，使用者對其發出請求時，都必須附帶該伺服器所能認可的 Cookie，當伺服器收到瀏覽器請求且附帶 Cookie 時，就會認為該瀏覽器所發出的請求是合法的，是經過身分驗證的。否則，就會拒絕瀏覽器的請求。

　　Cookie 是個儲存在瀏覽器之安裝目錄中的一個純文字檔，當使用者在瀏覽特定網站的過程中，任何時候該網站的 Cookie 都會保持存在狀態（即隨時保持處於同一個 Session 中），以簡化登錄手續。然而，一旦使用者從該網站或網路伺服器退出或關閉瀏覽器時，則就會終止與該伺服器相關的所有 Cookie。

　　最常見的例子為：欲瀏覽「PTT 八卦版」的文章時，該網站通常都會先驗證

使用者的年齡是否已滿 18 歲。若回答「是」，那麼才能進入「PTT 八卦版」瀏覽發文。此驗證是否滿 18 歲的機制，即是藉由 Cookie 來達成的。

　　PTT 八卦版的網址為：https://www.ptt.cc/bbs/Gossiping/index.html，於瀏覽器輸入該網址時，首先將出現如圖 9-5 的畫面，當按「我同意，我已年滿十八歲」鈕後，即可進入八卦版內瀏覽發文頁面。

圖 9-5　PTT 八卦版的年齡驗證

　　進入八卦版的瀏覽發文頁面後，開啓 Chrome 開發者工具中「Network\All」頁籤中的第二個文件（index.html）的「Headers」分頁的「General」項目中，可以看到八卦版之請求方法為 GET，Request URL 為：https://www.ptt.cc/bbs/Gossiping/index.html。此外，從「Headers」分頁的「Request Headers」項目中，亦可得知 Cookie 為（如圖 9-6）：

cookie: _cfduid=d4fff1bd4a41fa97e6fc87dc7c570e0bd1521193839; _ga=GA1.2.1 0 86158436. 1521193839; _gid=GA1.2.418372139.1539779735; over18=1

　　這個 Cookie 中尚包含了其它資訊，如「_cfduid」、「_ga」、「_gid」，但我們只要留意「over18=1」（代表已滿 18 歲）即可。在這種情況下，將來只要以字典型態（{'over18':'1'}）來傳遞「over18=1」這個 Cookie，即可通過驗證而進入八卦版爬取發文資料了。其程式碼如「ex9-7.py」。

程式檔	ex9-7.py
1	import requests
2	
3	res = requests.get(　　　　url='https://www.ptt.cc/bbs/Gossiping/index.html', 　　　　cookies={'over18':'1'})
4	
5	if res.status_code == 200:
6	print('請求成功.....')
7	# print(res.text)
8	else:
9	print('請求失敗.....')
執行結果	
1	請求成功.....

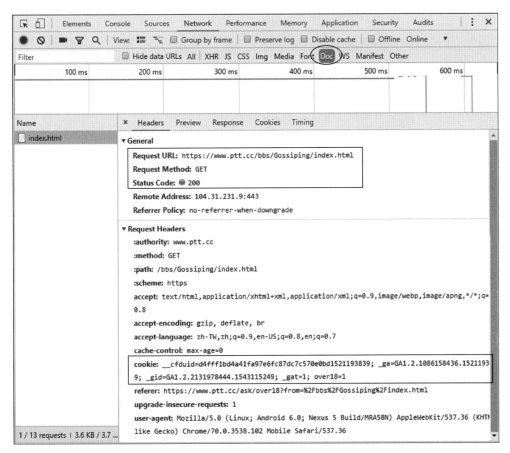

圖 9-6　Chrome 開發者工具的「Headers」分頁

9-6　送出帶有 Headers 的 GET 請求

　　在從事爬蟲工作的過程中，偶會發現，有些網站並不喜歡被爬蟲程式訪問，並拒之門外。所以這些網站會在使用者提出請求時，檢測連線物件。如果網站能判斷出使用者的請求是來自爬蟲程式，也就是非人為點擊訪問（非透過瀏覽

器），它就會不讓使用者繼續訪問。這時，身為爬蟲工作者就要有相對應的處置方式，才能順利完成任務。在這種情形下，為了能讓爬蟲程式可以正常運行，處置方式當然就是要去隱藏自己的爬蟲程式身分，以騙過網站伺服器。欲達此目的，可以透過設定 User Agent 的方式來達到隱藏身分的目標，User Agent 的中文名稱為使用者代理，簡稱 UA。

User Agent 會存放於 Headers 中，伺服器就是透過查看 Headers 中的 User Agent 來判斷使用者身分。在 Python 的爬蟲程式中，如果不去設定 User Agent，那麼程式就會使用預設的參數，來向伺服器發出請求。此時所傳送到伺服器的 User Agent 就會有 Python 的字樣，顯然就暴露自己的爬蟲身分了。也就是說，如果伺服器會檢查傳送來的 User Agent，那麼沒有設定好 User Agent（證明自己使用的瀏覽器名稱）的 Python 程式，將無法正常訪問網站。

具備上述的基礎知識後，我們就來拜訪「知乎」這個網站（https://zhuanlan.zhihu.com/python-programming），首先使用「ex9-8.py」來爬取看看。

程式檔	ex9-8.py
1	import requests
2	
3	res = requests.get('https://zhuanlan.zhihu.com/python-programming')
4	print(res.text)
執行結果	
1	``` <html> <head><title>400 Bad Request</title></head> <body bgcolor="white"> <center><h1>400 Bad Request</h1></center> <hr><center>openresty</center> </body> </html> ```

　　「ex9-8.py」是個最簡單的爬蟲程式，然而爬取後所傳回的結果，卻是不符合我們的資訊需求，反而出現「400 Bad Request」的訊息。明顯的爬蟲任務失敗了。此時我們不免懷疑此失敗現況到底是何種因素所造成，因此或許是 GET 請求時，尚須夾帶某些資訊吧！這些夾帶的資訊除會顯示在 Chrome 開發者工具「Network/Doc /Headers」分頁下的「Query String Parameters」項目中外，也有的參數會存在於「Request Headers」項目中，如 cookie、referer、user-agent 等資訊，至於是哪個資訊須隨 GET 請求夾帶而傳送出去，則須一個一個去測試才有解。

　　由於以瀏覽器拜訪「知乎」網站的過程，並沒有於頁面中輸入任何訊息，因此所須攜帶的參數，應不是「Query String Parameters」。在此情形下，有經驗的爬蟲工作者會先猜測：是否「知乎」網站會將爬蟲程式的訪問拒於門外。在這種假設下，我們使用瀏覽器來開啟「知乎」網站，並按「F12」鍵開啟 Chrome 開發者工具，再按「F5」鍵重新整理頁面，在「Network/Doc」頁籤下，觀察「python-programming」文件檔的「Headers」分頁中訊息（如圖 9-7）。由圖 9-7 可以看到「Request Headers」項目下，各 headers 中的資訊（如：cookie、user-agent 等訊息）都是以鍵值對的形式呈現在我們面前，這就是我們用瀏覽器訪問「知乎」網站時所需攜帶的資訊，其中多數資訊對爬蟲沒有很大影響，在此我們將只關注 user-agent 的訊息就好。

　　User-Agent 顧名思義，就是指誰來代替我們去訪問網頁。如果它對應的是 requests 模組，那麼對方網站就可以直接看出你是爬蟲而拒絕這次請求。由於「知乎」網站已設定了透過 User-Agent 進行反爬蟲的機制。所以造成「ex9-8.py」的請求被拒絕，進而我們沒辦法拿到想要的資訊。如果要想繞過這道反爬機制，只需要偽裝成瀏覽器，而將 headers 參數設置成圖 9-7 中「user-agent」的值即可，如「ex9-9.py」。

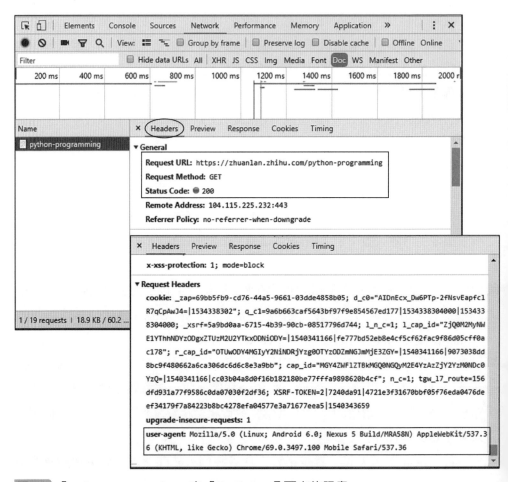

圖 9-7 「python-programming」之「Headers」分頁中的訊息

程式檔	ex9-9.py
1	import requests
2	
3	headers_UA = {'user-agent': 'Mozilla/5.0 (Linux; Android 6.0; Nexus 5 Build/ MRA58N) AppleWebKit/537.36 (KHTML, like Gecko) Chrome/69.0.3497.100 Mobile Safari/537.36'}

4	res = requests.get('https://zhuanlan.zhihu.com/python-programming', headers = headers_UA)
5	print(res.text)
執行結果	
1	\<!doctype html\> \<html lang="zh" data-hairline="true" data-android="true" data-theme="light"\>\<head\>\<meta charSet="utf-8"/\>\<title data-react-helmet="true"\>python 編程 - 知乎\</title\>\<meta name="viewport" content="width=device-width,initial-scale=1,maximum-scale=1,user-scalable=0,viewport-fit=cover"/\> (以下略)

　　在「ex9-9.py」的第 3 行中，以變數 headers_UA 來存放「user-agent」的值，這個「user-agent」值說明了爬蟲程式將冒充自己是「使用 Chrome 瀏覽器來拜訪網站」，以便將來能於第 4 行中，隨著 GET 請求而傳送給伺服器。就這樣，使用一個屬於某瀏覽器之既定「user-agent」值，就可反制反爬機制，而達成爬蟲任務了。

9-7　以 form 形式發送 POST 請求

　　HTTP 的請求方式中，最常被使用者為 POST 請求和 GET 請求兩種。使用 GET 請求的方式，相信讀者應已相當熟悉。POST 請求和 GET 請求之最基本差異在於：使用 requests 模組發送請求時，GET 請求是使用 params 的方式攜帶查詢參數；而 POST 請求則是使用 data 的方式攜帶表單輸入參數。

　　POST 請求時，使用者必須透過瀏覽器頁面輸入或提交一些伺服器所需要的個人化資料（如帳號、密碼），才能傳回使用者所需的完整頁面。而這些在瀏覽器頁面上的輸入介面，一般即稱為 form 表單。以 form 表單的形式發送 POST 請

求時，只需要將請求的參數構造成一個字典，然後傳給「requests.post()」的 data 參數即可。

　　例如：我們拜訪「http://pythonscraping.com/pages/files/form.html」這個網站時，從圖 9-8 中，可發現此網頁為一個 form 表單，需要使用者輸入「First name」、「Last name」，輸入後，相關表單資料將送至「http://pythonscraping. com/pages/files/processing.php」處理，於處理後再送回歡迎詞。

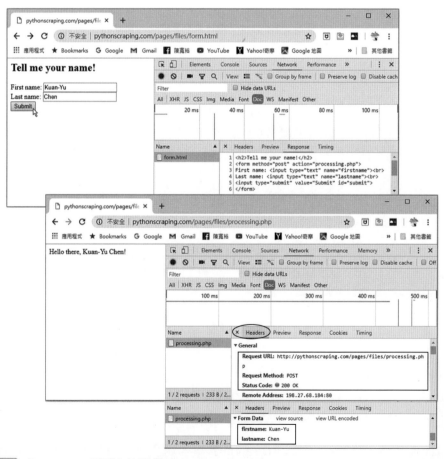

圖 9-8　「Headers」分頁中的訊息

　　另外，由圖 9-8 中的 Chrome 開發者工具也可明白，當使用者送出表單時，是以「POST」方式送出請求，且攜帶「Form Data」。此時，請讀者注意觀察，使用「POST」方式送出請求時，回應網頁的網址後方，並不會附加剛剛所輸入的那些表單資料（即網址沒有改變），這個現象也是 GET 請求和 POST 請求的主要差異點之一。爬取資料時，其程式碼如下：

程式檔	ex9-10.py
1	import requests
2	
3	payload = { 　　　'firstname': 'Kuan-Yu', 　　　'lastname': 'Chen'}
4	res = requests.post('http://pythonscraping.com/pages/files/processing.php', data=payload)
5	print(res.text)
執行結果	
1	Hello there, Kuan-Yu Chen!

　　在「ex9-10.py」之第三行的變數 payload，所存放的就是 Chrome 開發者工具中所看到的「Form Data」之字典型態。而第 4 行中送出請求時，requests.post 使用 data 的方式攜帶表單資料。執行後，即可成功回傳伺服器的處理結果。

9-8　送出帶有登入 Cookie 的 POST 請求

　　前一節中，我們所介紹的表單允許使用者向網站提交資訊，且提交表單後即可馬上看到想要的頁面資訊。此外，在網路上也常可見到有些網站是需要登入（login）並經驗證後，才可看到網頁資訊的，且這種網站當使用者在瀏覽該網

站之諸多網頁的過程中，亦能隨時保持著使用者之已登錄狀態，而不用頻繁的進行登入動作。試想看看，這些登入表單和一般表單到底有什麼不同？

　　現代化的商業網站常用 Cookie 來追蹤使用者是否「已登錄」的狀態資訊。一旦網站驗證了你的登錄權證，它就會將這些登錄訊息保存在使用者之瀏覽器的 Cookie 當中，Cookie 裡通常會包含伺服器為該使用者所產生的權杖、登錄有效時限與狀態跟蹤資訊。當使用者欲瀏覽網站中的各個頁面時，伺服器就會存取這個 Cookie 以辨明使用者是否已登錄。

　　雖然，Cookie 為網站開發者解決了許多大麻煩，但同時卻也增加了網路爬蟲者不少的困擾。因為，使用者或許可以一整天只提交一次登錄表單，但是，就網路爬蟲者而言，若沒有一直關注於表單所回傳的 Cookie 資訊，那麼一段時間以後，再次訪問那個新頁面時，你的登錄狀態就會丟失，需要重新登錄。

　　在此，我們將以「http://pythonscraping.com/pages/cookies/login.html」這個簡單的登錄表單為例，來說明如何利用登入 Cookie 來進行網路爬蟲。當我們成功登入這個表單後，將進入到歡迎頁面（http://pythonscraping.com/pages/cookies/welcome.php），歡迎頁面裡有個簡單的連結「Check out your profile」（http://pythonscraping.com/pages/cookies/profile.php），該頁面可以根據 Cookie 內容，進行使用者的簡介，如圖 9-9。我們的目標，就是想來爬取這個使用者簡介頁面（profile.php）。

　　首先，我們進行正確的登錄後，順利來到歡迎頁面，此時按「F12」鍵開啓 Chrome 開發者工具，再按「F5」鍵重新整理頁面，觀察一下「welcome.php」的「Headers」分頁中的訊息（如圖 9-10）。

圖 9-9　範例網站

　　由圖 9-10 可知，頁面「welcome.php」的請求方式為「POST」，且傳送了「username: akwan168」、「password: password」等表單資料，此外，也於瀏覽器端設定了 Cookie（loggedin=1; username: akwan168）。故進行爬蟲時，程式碼如下：

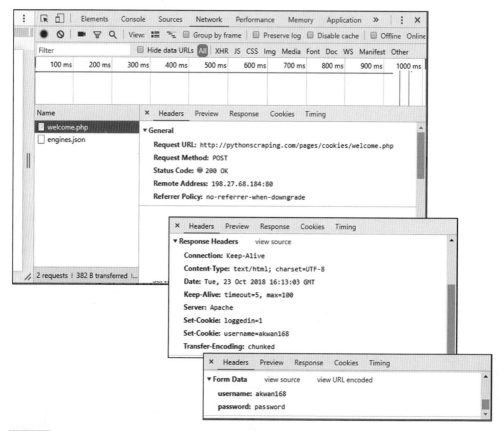

圖 9-10 「welcome.php」的「Headers」分頁訊息

程式檔	ex9-11.py
1	import requests
2	
3	payload = {'username': 'akwan168', 'password': 'password'}
4	res = requests.post('http://pythonscraping.com/pages/cookies/welcome.php', data=payload)
5	

6	print('Cookie 設定為: ', res.cookies.get_dict())
7	print('-------------------')
8	print('爬取profile page……. ')
9	
10	res = requests.get("http://pythonscraping.com/pages/cookies/profile.php", cookies = res.cookies)
11	print(res.text)

執行結果	
1	Cookie 設定為: {'loggedin': '1', 'username': 'akwan168'} ------------------- 爬取profile page……. <!DOCTYPE html PUBLIC "-//W3C//DTD XHTML+RDFa 1.0//EN" 　"http://www.w3.org/MarkUp/DTD/xhtml-rdfa-1.dtd"> 以下略

在「ex9-11.py」的第 4 行中，向歡迎頁面以 POST 方式發送了一個表單登錄參數（payload），此作法就像是模擬於瀏覽器的登錄表單輸入登錄資訊。然後從請求成功後，列印出所設定的 Cookie（第 6 行）。接著，為了爬取簡介頁面（profile.php）的內容，再以 GET 方式攜帶 Cookie 的方式對伺服器發送「profile.php」頁面的請求（第 10 行），最後將爬取結果之內容列印出來（第 11 行）。

當然，對於簡單的網站而言，這樣的處理方式並不會有什麼問題。但是如果使用者面對的是比較複雜的網站的話，這些網站經常會偷偷的調整 Cookie 的內容，這樣使用 Cookie 為參數而傳送請求的爬蟲程式就須隨著修改或維護，而且每次請求都要傳遞 Cookie，真是有點麻煩。此外，或許使用者一開始就有此認知，而完全不想用 Cookie 的方式來編寫爬蟲程式，這時 requests 模組中的 Session 函式就可派上用場了。

Session 是指從我們打開一個網站開始至我們關閉瀏覽器間的一系列請求過

程。例如：我們打開淘寶網站，淘寶網站的伺服器就會為我們建立並儲存一個 Session 物件，這個 Session 物件就儲存著使用者的相關資訊，比如當使用者登錄之後，Session 中就會儲存著使用者的帳號資訊。Session 有一定的生命週期，當我們長時間（超過 Session 有效期）沒有拜訪該網站或者關閉瀏覽器時，伺服器就會刪掉該 Session 物件。

在互動式網頁中，Session 及 Cookie 都可提供「記憶」有關使用者資訊的能力，Cookie 訊息會存放在使用者端；而 Session 則可以在伺服器端記錄使用者的訊息。Session 機制會在一個使用者完成身分認證後，於伺服器端儲存所需的使用者資料，接著產生一組對應的 id，存入 Cookie 後傳回使用者端。這個 id 是獨一無二的，所以當下次使用者端再向同一網站之其它網頁發送請求時，如果帶有該 id 資訊，伺服器端就會認為該請求是來自該名使用者，而達到驗證使用者的目的。而在訊息使用上，由於 Cookie 是儲存在使用者端，所以會在各不同頁面間傳遞，藉以研判各頁面的存取權限；但 Session 是儲存在伺服器端，在同一 Session 中，同一網站之各頁面間的 Cookies 資訊都是相連通的，它自動幫我們傳遞這些 Cookies 資訊，對程式設計者而言，此機制當可減少相當多的負荷，何樂不為。

同樣是執行上述的登錄操作，「ex9-12.py」就是使用 Session 的版本。建立好 Session 物件後，我們直接只用 Session 來發出 POST（傳遞帳號、密碼等表單資料）和 GET 請求（爬取 profile.php 頁面資訊）。請讀者須注意的是，在進行 GET 請求的時候，我們並不需要再傳入 Cookie，因為實際上在 Session 內部早就已經存在了之前的 Cookie 了。

程式檔	ex9-12.py
1	import requests
2	
3	session = requests.Session()

4	payload = {'username': 'akwan168', 'password': 'password'}
5	res = session.post('http://pythonscraping.com/pages/cookies/welcome.php', data=payload)
6	
7	print('Cookie 設定為: ', res.cookies.get_dict())
8	print('------------------')
9	print('爬取profile page……. ')
10	
11	res = session.get('http://pythonscraping.com/pages/cookies/profile.php')
12	print(res.text)
執行結果	
1	Cookie 設定為: {'loggedin': '1', 'username': 'akwan168'} ------------------ 爬取profile page……. \<!DOCTYPE html PUBLIC "-//W3C//DTD XHTML+RDFa 1.0//EN" 　　"http://www.w3.org/MarkUp/DTD/xhtml-rdfa-1.dtd"> (以下略)

在「ex9-12.py」的第 3 行中，建立了一個 Session 物件，未來這個 Session 物件將取代 requests 物件。因此，往後所有向伺服器所發出的請求，皆由 Session 物件來代勞。雖然這麼做，也會在使用者端留下 Cookie（如：第 7 行的輸出結果，不是空字串）；但是在第 11 行的 GET 請求中，就可以不用再攜帶 Cookies 參數了。這真是一個聰明的作法啊！

9-9　模擬登入

在網路世界中，網站的設計技巧相當多樣化。雖然，本章中已介紹過一些設計爬蟲程式的技巧，但仍不免於滿足個人爬蟲需求時，會遇到一些阻礙。這時實有賴於程式設計者本身的知識基礎與不斷的測試來克服。

例如：或許讀者也遇過，爲什麼請求中已加了 headers、帳號與密碼等表單資料，但還是無法成功的爬取到我要的資訊呢？一般而言，遇到需登錄的網站，基本上只要運用 POST 方法把自己的帳號與密碼傳送到 login 的 url 即可。若再麻煩點，可能尚須再透過加 headers 的方式來僞裝是一般瀏覽器使用者而對目標網站發出 requests，以防被網站拒於門外。

不過有些網站（例如：Anewstip），當我們於其登錄網頁（https://anewstip.com/accounts/login/）登入後，按「F12」鍵開啓 Chrome 開發者工具，再按「F5」鍵重新整理頁面，然後進入「Network/All」頁籤，選擇第一個載入的文件「?next=/」後，觀察「Headers」分頁中訊息（如圖 9-11）。由圖 9-11 可以看到，對登錄網頁的請求方式爲 POST，且此 POST 請求也帶有「Query String Parameters」（next:/）。此外，在「Form Data」項目下，除了登入用的帳號（email）、密碼（password）外，尚有一個在登錄網頁之表單中看不到的隱藏欄位，其名稱爲「csrfmiddlewaretoken」。

「csrfmiddlewaretoken」到底是什麼東東呢？其實，它就是一種合法使用者的認證標章。也就是說，「csrfmiddlewaretoken」其實是網站頒發給合法使用者於瀏覽各網頁時的認證權杖。使用者於每次登入前，「csrfmiddlewaretoken」會自動產生不同的亂數，登入的時候會跟著一起傳送到伺服器；因此，爬蟲程式中除傳送表單資料外，若忘了攜帶「csrfmiddlewaretoken」的值，便無法成功登入。換句話說，我們需要在登入網站的同時，把該頁面的「csrfmiddlewaretoken」值儲存於變數中，然後再跟其它的表單資料（帳號與密碼）一起發出 POST 請求到伺服器。

現在，我們就以 Anewstip 網站為例，從登錄網頁登入後，我們將拜訪「https://anewstip.com/pitch」網頁，這個網頁需要登錄成功後才能拜訪，否則將顯示「先註冊再登錄的訊息」。為學習此模擬登入的技巧，請讀者務必至 Anewstip 網站註冊一個個人帳號與密碼，完整的程式碼如下：

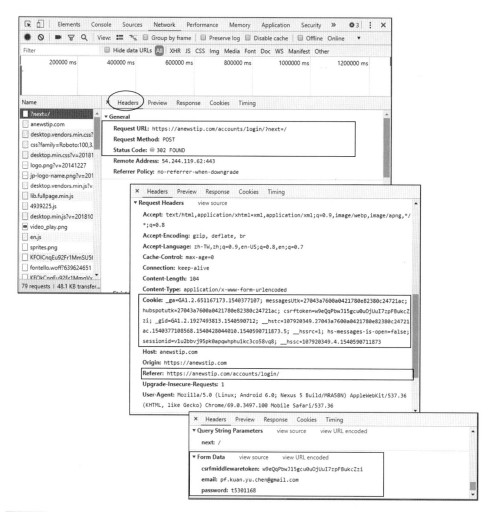

圖 9-11　「?next=/」之「Form Data」訊息

程式檔	ex9-13.py
1	import requests
2	from bs4 import BeautifulSoup
3	
4	USEREMAIL = 'yourname@gmail.com'
5	PASSWORD = '********'
6	
7	LOGIN_URL = 'https://anewstip.com/accounts/login/'
8	END_URL = 'https://anewstip.com/pitch'
9	
10	se = requests.session()
11	res = se.get(LOGIN_URL)
12	csrftoken = res.cookies['csrftoken']　　　# 取得權杖

13	headers = {
	　　'Referer': LOGIN_URL,
	　　'Cookie': 'csrftoken='+csrftoken
	　　}

14	

15	payload = {
	　　'email': USEREMAIL,
	　　'password': PASSWORD,
	　　'csrfmiddlewaretoken': csrftoken
	　　}

16	
17	res = se.post(LOGIN_URL, data = payload, headers = headers)
18	res = se.get(END_URL, headers = dict(referer = END_URL))
19	

20	soup = BeautifulSoup(res.text, 'html.parser')
21	if soup.select('li.drop-wrap > a > i.icon-user'):
22	username_logged = soup.select('li.drop-wrap > a')[1].text
23	print('成功爬取Pitch網頁，你是：', username_logged)
24	else:
25	print('請先註冊後登入.....')
執行結果	
1	成功爬取Pitch網頁，你是：Kuan-Yu Chen

在「ex9-13.py」的第 1 至 2 行中，匯入 import 套件，以便能使用 requests 用來處理 http 請求、而 BeautifulSoup 模組則用來篩選及處理爬到的資訊。設定好 USEREMAIL、PASSWORD、登錄網頁（LOGIN_URL）與爬取網頁（END_URL）後，即可著手進行各項處理邏輯。這些登入資訊之所以要把它們儲存在變數裡面，主要是顧及後續程式碼的取用方便性。

第 10 行中使用「requests.session()」可以將本次的所有請求都算在同一個 session 裡，這樣當我們第二次對登錄網頁再發出請求時，「csrfmiddlewaretoken」的值才不會又重新產生一次。於是在第 11 行先隨意地對 LOGIN_URL 發出 get 請求，雖沒有夾帶帳密資料，但足以於 Cookie 內產生本 session 中的權杖（csrfmiddlewaretoken 值）。在第 12 行中即可使用 res.cookies['csrftoken'] 將權杖儲存在變數 csrftoken 中，以利後續調用。

第 13 行中，將為後續之真正登錄請求設定 Request headers，從圖 9-11 中，可以明顯的看出 Request headers 包含相當多的資料項目，但經測試只有 Referer 與 Cookie 會影響登錄之成功與否。且 Cookie 中的諸多資料也只有 csrfmiddlewaretoken 值於登錄時會用到。值得注意的是，因為每次執行本程式碼，都會亂數產生一個權杖，因此，有必要利用 res.cookies['csrftoken'] 來自動取

得權杖並用 csrftoken 變數記錄下來,並將 Request headers 中的 Cookie 值直接設定為 csrftoken 變數,這樣 csrfmiddlewaretoken 值就能隨著每次程式的執行而置換。

第 15 至 18 行中,先設定帳密資料與隱藏的權杖值(變數 csrftoken),接著即可對登錄網頁發出 POST 請求,登入成功後,即可對欲爬取的網頁發出 GET 請求,以爬取網頁之 HTML 原始碼。

第 20 至 25 行中,將所獲得的網頁 HTML 原始碼,利用 BeautifulSoup 做解析,並透過 css selector 找到所需要的資料(使用者的註冊名稱),以證明確實已爬取成功。若無法顯示使用者的註冊名稱,則代表未能順利登入,須註冊後登入。

Chapter

10

萃取有用資訊

　　網頁爬蟲的主要工作內容在於：能從目標網站收集、萃取到您所想要的訊息並加以處理成有用資訊的過程。從網站收集並萃取所需訊息的技術似乎很神奇。於前一章中我們已介紹了向網站提出請求以收集資料（HTML 原始碼）的方法。雖然如此，所收集的資料還是要經過一些必要的處理，才能成為有用的資訊。因此，本章將透過對 BeautifulSoup 套件的介紹，以萃取出包含於該 HTML 原始碼中的有用資訊。

10-1　網頁萃取的工作內容

　　運用 requests 物件，以 GET 或 POST 方式送出請求後，網站所回應的 HTML 原始碼（網頁內容）通常較為雜亂，不過其本質上已屬半結構化的資料。因此，只要運用適當的方法，便可簡便的萃取出所需資料。而這萃取資訊的過程，在 Python 中將運用到 BeautifulSoup 套件，其主要的工作內容有三項：

一、走訪 DOM 文件樹

　　使用者在瀏覽器中所看到的網頁，主要由三個部分所構成：HTML（網頁的骨架結構）、CSS（網頁的樣式）與 JavaScript（在瀏覽器端執行，負責與使用者互動的程式功能）。進行網頁爬蟲時，使用者必須具備的認知是：網頁就是由各式標籤（tag，例如：<title>, <h1>, <p>, <a>）所組成的階層式文件，要取得所需的網頁區塊資料，只要用 tag 與其相關屬性（例如：id、class、style 等通用屬性，或 href 等專屬屬性）去定位資料所在位置即可。

　　對於複雜的 HTML 原始碼之解析，由於人工抽取網頁信息效率低、成本高，因此，網頁文件物件模型樹（Document Object Model Tree, DOM Tree，簡稱 DOM 文件樹）的概念乃孕育而生。DOM 文件樹將 HTML 原始碼中的每個標籤都轉化成了物件，且構造成一個樹狀結構（如圖 10-1）。這樣做的優點是：透過物件本身所具有的各種訪問方法，就可簡單的走訪整棵樹而定位出所需資料的

確切位置。而本章中所將介紹的 BeautifulSoup 套件，就是一種能透過對 HTML 的解析（如使用 lxml 解析器）而將 HTML 文件轉換為 DOM 文件樹的套件。因此，透過 BeautifulSoup 套件所提供的諸多方法，就能輕易的協助使用者走訪、搜尋 DOM 文件樹，進而萃取出所需資訊。

在此，所謂的走訪 DOM 文件樹，即依循 DOM 文件樹的樹狀脈絡結構，向上、向下、向左、向右等遍尋 HTML 標籤物件而定位出所需資料的過程。這種土法煉鋼的定位方法效率較差，但不易出錯。

二、搜尋 DOM 文件樹

BeautifulSoup 套件將 HTML 轉換為 DOM 文件樹後，使用者就可利用 BeautifulSoup 所提供的搜尋或篩選方法（如 find()、find_all()、select() 等方法）快速的定位出所需資料的位置。

三、修改 DOM 文件樹

為了能順利萃取資料，有時尚須於程式中修改或刪除 DOM 文件樹（即修改 HTML 原始碼）的部分內容。

10-2　本章所使用的範例網頁

為能方便學習 BeautifulSoup 的走訪、搜尋與篩選等功能，本章提供了一個範例網頁（example.html），其 HTML 原始碼如下：

```
<!DOCTYPE html>
<html>
<head>
<title>BeautifulSoup測試網頁</title>
    <meta charset="utf-8">
    <style>
        .title {
```

```
                    color:blue;
                    text-align: center;
                    }
        </style>

</head>

<body>
<h1 class="title">模擬八卦版</h1>
<p id="p1">歡迎來到八卦者天堂</p>
<p id="p2" style="">主題擴及天南地北，請踴躍發文......</p>
<div><a href='http://bbs/post' style="font-size:200%;">按此連結，即可發文</a></div>
<p id="p3" class="story_btn">
    <a href="http://example.com/prev.html" class="btn wide" id="link1">前頁</a>,
    <a href="http://example.com/next.html" class="btn wide" id="link2">下頁</a>,
    <a href="http://example.com/fresh.html" class="btn wide" id="link3">最新</a>;
</p>
<p class="story_list">發文內容</p>

<table style="background-color:black;" cellpadding="5" border="0">
<tr>
  <td style="background-color:#FFBB73">發文標題</td>
  <td style="background-color:pink">發文者</td>
  <td style="background-color:rgb(232,106,192)">發文日期</td>
</tr>

<tr class="r-ent" id="p1">
    <td class="title" style="background-color:#FFBB73">
        <a href="/bbs/M.8481.html">我麻吉要烙人啦</a>
    </td>
    <td class="meta" style="background-color:pink">
        <div class="author">追風者</div>
    </td>
    <td class="meta" style="background-color:rgb(232,106,192)">
        <div class="date">10/26</div>
    </td>
</tr>

<tr class="r-ent" id="p2">
```

```
    <td class="title" style="background-color:#FFBB73">
        <a href="/bbs/M.8532.html">要怎樣讓女生撒嬌？</a></div>
    </td>
    <td class="meta" style="background-color:pink">
        <div class="author">一枝花</div>
    </td>
    <td class="meta" style="background-color:rgb(232,106,192)">
        <div class="date">10/26</div>
    </td>
</tr>

<tr class="r-ent" id="p3">
    <td class="title" style="background-color:#FFBB73">
        <a href="/bbs/M.8568.html">明天要選舉，要注意什麼？</a></div>
    </td>
    <td class="meta" style="background-color:pink">
        <div class="author">阿土伯</div>
    </td>
    <td class="meta" style="background-color:rgb(232,106,192)">
        <div class="date">10/26</div>
    </td>
</tr>
</table>
</body>
</html>
```

　　為方便未來的解說，對於範例網頁的 HTML 原始碼，本書已利用一個線上軟體「Live DOM Viewer」（https://software.hixie.ch/utilities/js/live-dom-viewer/）將其轉換爲 DOM 文件樹。轉換時，只要將範例網頁（example.html）的 HTML 原始碼貼到「Live DOM Viewer」中，就可製作出 DOM 文件樹（或參考第 8 章中，圖 8-7 的 QR Code所連結的影音教材），如圖 10-1 所示。

```
HTML
 ┃1 HEAD
 ┃ ┃1.1 TITLE
 ┃ ┃  ┗1.1.1 #text: BeautifulSoup測試網頁
 ┃ ┃1.2 META charset="utf-8"
 ┃ ┗1.3 STYLE
 ┃    ┗1.3.1 #text: .title { color:blue; text-align: center; }
 ┗2 BODY
    ┃2.1 H1 class="title"
    ┃  ┗2.1.1 #text: 模擬八卦版
    ┃2.2 P id="p1"
    ┃  ┗2.2.1 #text: 歡迎來到八卦者天堂
    ┃2.3 P id="p2" style=""
    ┃  ┗2.3.1 #text: 主題擴及天南地北，請踴躍發文……
    ┃2.4 Dlv
    ┃  ┗2.4.1 A href="http://bbs/post" style="font-size:200%;"
    ┃      ┗2.4.1.1 #text: 按此連結，即可發文
    ┃2.5 P id="p3" class="story_btn"
    ┃  ┃2.5.1 A href="http://example.com/prev.html" class="btn wide" id="link1"
    ┃  ┃  ┗2.5.1.1 #text: 前頁
    ┃  ┃2.5.2 A href="http://example.com/next.html" class="btn wide" id="link2"
    ┃  ┃  ┗2.5.2.1 #text: 下頁
    ┃  ┗2.5.3 A href="http://example.com/fresh.html" class="btn wide" id="link3"
    ┃      ┗2.5.3.1 #text: 最新
    ┃2.6 P class="story_list"
    ┃  ┗2.6.1 #text: 發文內容
    ┗2.7 TABLE style="background-color:black;" cellpadding="5" border="0"
       ┗TBODY
          ┃2.7.1 TR
          ┃  ┃2.7.1.1 TD style="background-color:#FFBB73"
          ┃  ┃  ┗#text: 發文標題
          ┃  ┃2.7.1.2 TD style="background-color:pink"
          ┃  ┃  ┗#text: 發文者
          ┃  ┗2.7.1.3 TD style="background-color:rgb(232,106,192)"
          ┃     ┗#text: 發文日期
          ┃2.7.2 TR class="r-ent" id="p1"
          ┃  ┃2.7.2.1 TD class="title" style="background-color:#FFBB73"
          ┃  ┃  ┗2.7.2.1.1 A href="/bbs/M.8481.html"
          ┃  ┃     ┗#text: 我麻吉要烙人啦
          ┃  ┃2.7.2.2 TD class="meta" style="background-color:pink"
          ┃  ┃  ┗2.7.2.2.1 DIV class="author"
          ┃  ┃     ┗#text: 追風者
          ┃  ┗2.7.2.3 TD class="meta" style="background-color:rgb(232,106,192)"
          ┃     ┗2.7.2.3.1 DIV class="date"
          ┃        ┗#text: 10/26
          ┃2.7.3 TR class="r-ent" id="p2"
          ┃  ┃2.7.3.1 TD class="title" style="background-color:#FFBB73"
          ┃  ┃  ┗2.7.3.1.1 A href="/bbs/M.8532.html"
          ┃  ┃     ┗#text: 要怎樣讓女生撒嬌？
          ┃  ┃2.7.3.2 TD class="meta" style="background-color:pink"
          ┃  ┃  ┗2.7.3.2.1 DIV class="author"
          ┃  ┃     ┗#text: 一枝花
          ┃  ┗2.7.3.3 TD class="meta" style="background-color:rgb(232,106,192)"
          ┃     ┗2.7.3.3.1 DIV class="date"
          ┃        ┗#text: 10/26
          ┗2.7.4 TR class="r-ent" id="p3"
             ┃2.7.4.1 TD class="title" style="background-color:#FFBB73"
             ┃  ┗2.7.4.1.1 A href="/bbs/M.8568.html"
             ┃     ┗#text: 明天要選舉，要注意什麼？
             ┃2.7.4.2 TD class="meta" style="background-color:pink"
             ┃  ┗2.7.4.2.1 DIV class="author"
             ┃     ┗#text: 阿土伯
             ┗2.7.4.3 TD class="meta" style="background-color:rgb(232,106,192)"
                ┗2.7.4.3.1 DIV class="date"
                   ┗#text: 10/26
```

圖 10-1　範例網頁的 DOM 文件樹

10-3　走訪 DOM 文件樹

　　在爬蟲作業過程中，通常會運用 requests 物件的 GET 或 POST 方式向網站伺服器發出請求，伺服器即會回應使用者所需求之網頁的 HTML 原始碼。但在此，我們將簡化問題，直接於 Python 程式中讀入 HTML 原始碼（example.html），以利後續對於 BeautifulSoup 物件之各項操作的解說。

　　接下來，欲利用 Python 程式來萃取 HTML 原始碼中的有用資訊時，將先運用 BeautifulSoup 模組以將 HTML 原始碼轉化為 Tag 物件與 DOM 文件樹，進而熟練搜尋、定位之方法，才有助於萃取效率。這些搜尋、定位的方法，最簡單的莫過於去熟悉每個 HTML 之 DOM 文件樹的樹狀脈絡結構。然後，再運用程式於 DOM 文件樹中向上、向下、向左、向右等遍尋 HTML 標籤物件，終而定位出所需的資料。對於這樣來操作 DOM 文件樹的過程，我們就稱之為走訪 DOM 文件樹。走訪 DOM 文件樹前，當然須先匯入 bs4 程式庫。如下列程式碼：

```
>>> from bs4 import BeautifulSoup
```

　　基於上述，首先須建立一個字串變數「html」，以容納範例網頁之 HTML 原始碼（example.html 之內容），指定時將以「html = """HTML 原始碼 """」的方式來進行。

```
>>> html = """
... <!DOCTYPE html>
... <html>
... <head>
... <title>BeautifulSoup測試網頁</title>

(中間的HTML原始碼略)

... </body>
... </html>
... """
```

讀入 example.html 之原始碼後，須將 HTML 原始碼轉換成 DOM 文件樹，此即建立一個 BeautifulSoup 物件之意。建立方法如下：

```
>>> soup = BeautifulSoup(html, 'lxml')
```

上述兩個操作過程中，使用字串變數「html」來指定 HTML 原始碼，然後再建立 BeautifulSoup 物件。若覺得麻煩的話，也可以使用直接讀入 HTML 檔案的方式，直接建立 BeautifulSoup 物件，如：

```
>>> soup = BeautifulSoup(open('example.html'), 'lxml')
```

透過上列的程式碼，就可將「example.html」轉換為 Tag 物件或 DOM 文件樹（如圖 10-1）。使用者須特別注意的是，HTML 原始碼的檔案位置要指定正確。至此，我們已經完成網頁爬蟲的起手式了，後續就可針對所建立的 BeautifulSoup 物件「soup」進行各項操作了。

從 HTML 原始碼中，解析、萃取所需資料的方法相當多。在本小節中，我們將介紹最簡單的方法，那就是使用標籤名稱來協助定位，找出有用的訊息。

1. 標籤定位

我們可以利用 soup 物件加上「.Tag 名稱」，輕鬆的獲取這些標籤節點的 Tag 區塊（<Tag> 與 </Tag> 間所包覆的 HTML 原始碼），由於是以標籤名稱來找尋有用的資料，因此其過程就稱之為標籤定位。首先看看下列的程式碼：

```
>>> print(soup.title)
<title>BeautifulSoup測試網頁</title>

>>> print(soup.p)
<p id="p1">歡迎來到八卦者天堂</p>
```

```
>>> print(soup.a)
<a href="http://bbs/post" style="font-size:200%;">按此連結，即可發文</a>
```

　　將上述程式碼的輸出結果，對照圖 10-1 的 DOM 文件樹。不難發現，以
「soup.Tag 名稱」的方式，所獲取的內容為 HTML 原始碼中第一個出現該標籤
名稱的 Tag 區塊。以「soup.title」標籤為例，所找到的就是第一個涵蓋 <title> 與
</title> 間所包覆的 HTML 原始碼。

2. 獲取標籤的字串值

　　若欲獲取標籤內所包含的字串（即標籤的值）時，則可以使用「tag.string」
或「tag.text」或「tag.get_text()」等三種方式。如：

```
>>> print(soup.p.string)
歡迎來到八卦者天堂

>>> print(soup.p.text)
歡迎來到八卦者天堂

>>> print(soup.p.get_text())
歡迎來到八卦者天堂
```

　　雖然上述三種方式，於範例網頁中，都可取得第一個 <p> 的值。然而，其
實這三種方法在使用上，也是有一些小差異的。例如：若 <p> 與 </p> 之間所包
含的字串值中，尚包含其它的標籤（如：<p> 台灣最美的風景是 <b> 人 </b></
p>）時，則「tag.string」這個方法將無法判斷到底是該抓取 <p> 與 </p> 內的
string，還是 <b> 與 </b> 內的 string，因此而傳回「None」。但是，在這種情形
下，「tag.text」或「tag.get_text()」卻都可順利爬取標籤的值。如下列程式碼：

```
>>> html = "<p>台灣最美的風景是<b>人</b></p>"
>>> soup = BeautifulSoup(html, 'lxml')
>>> print(soup.p.string)
None

>>> print(soup.p.text)
台灣最美的風景是人

>>> print(soup.p.get_text())
台灣最美的風景是人
```

3. 獲取標籤的屬性

此外，一般的標籤會具有兩個屬性即 name 與 attrs；而 <a> 標籤則尚具一個專屬的屬性「href」。例如：欲取得標籤的名稱。

```
>>> print(soup.a.name)
a
```

由上述的程式碼中，應很容易理解，但是取得標籤的 name 屬性的意義並不大。其次，若能獲取標籤的某 attrs 屬性之 Tag 區塊，則在實際的爬蟲應用中較為常見。例如：在爬蟲工作中，我們常需取得某些訊息的連結位址，這時就需用到「<a>」的專用屬性「href」了。獲取屬性之 Tag 區塊時，必須使用「tag[' 屬性名稱 ']」或「tag.get(' 屬性名稱 ')」的語法，例如：欲取得第一個 <a> 的連結位址時，可使用下列程式碼：

```
>>> print(soup.a['href'])
http://bbs/post
```

4. 獲取直接子節點

在實際編寫程式之前，我們先來觀察圖 10-1 的 DOM 文件樹，以了解何謂直接子節點。基本上，DOM 文件樹中的每一個標籤名稱都是一個節點，但這些節點之間是具有階層關係的。所謂「直接子節點」就是樹狀結構中，某個節點的直接下分支。以「head」（編號：1）這個標籤為例，其下分支有「title」（編號：1.1）、「meta」（編號：1.2）與「style」（編號：1.3）等三個標籤，這三個標籤都是從「head」（編號：1）標籤所衍生出來的，故稱這三個標籤是「head」標籤的直接子節點；反過來說，「head」標籤則是該三個標籤的父節點。

使用「.contents」屬性（即 tag.contents）即可獲取指定節點的直接子節點，且將以串列型態進行輸出。如下列程式碼：

```
>>> print(soup.head.contents)
['\n', <title>BeautifulSoup測試網頁</title>, '\n', <meta charset="utf-8"/>, '\n', <style>.title
{color:blue; text-align: center; }</style>, '\n']
```

須特別注意的是，從上述程式碼的輸出結果來看，HTML 原始碼中的每一個結束標籤（如</head>）後的換行符號（'\n'）也都將被視為一個子節點。因此，輸出串列中將包含 7 個元素（3 個標籤子節點、4 個換行子節點）。雖然，在原始的 DOM 文件樹中也確實會將這些換行子節點標示出來，但在圖 10-1 已看不到了，這是因為作者想精簡 DOM 文件樹的緣故，而把較不重要的換行子節點從 DOM 文件樹中移除了，盼讀者能理解。

既然輸出為串列，當然就可使用索引的方式，來獲取特定的元素值，如下列的程式碼：

```
>>> print(soup.head.contents[1])
<title>BeautifulSoup測試網頁</title>    #此Tag區塊的索引編號為1
```

另外也可使用「.children」屬性（即 tag.children）來獲取指定節點的直接子節點，但是其傳回值不是一個串列，而是一個串列迭代器物件（list_iterator object）。串列迭代器是種能使用於 for 循環遍歷的物件，故無法直接使用「print(soup.head.children)」的方式傳回各子節點。但可透過遍歷方式（for 迴圈）獲取所有的直接子節點。如下列程式碼，須注意的是，輸出結果中的換行，亦屬「head」的直接子節點：

```
>>> for child in soup.head.children:
...       print(child)
...
(換行)
<title>BeautifulSoup測試網頁</title>
(換行)
<meta charset="utf-8"/>
(換行)
<style>.title {color:blue; text-align: center; }</style>
(換行)
```

5. 獲取所有子孫節點

觀察圖 10-1 的 DOM 文件樹，所謂子孫節點即是某個節點之下的所有分支。以「head」（編號：1）這個標籤為例，其下分支（子節點）有「title」（編號：1.1）、「meta」（編號：1.2）與「style」（編號：1.3）等三個標籤，而這三個標籤又有下分支（孫節點），分別為「BeautifulSoup 測試網頁」（編號：1.1.1）與「.title {color:blue; text-align: center;}」（編號：1.3.1）。因此，對於「head」節點而言，其所擁有「跟標籤有關」的子孫節點共有 5 個。當然除此外，應還包含不少個屬換行符號的子孫節點。

使用「.descendants」屬性（即 tag.descendants）即可獲取指定節點的所有子孫節點，其傳回值如同「.children」屬性，也是一個串列迭代器物件（list_iterator object）。故也可透過遍歷方式獲取所有的子孫節點。如下列程式碼，須

注意的是，輸出結果中的換行，亦屬「head」的子孫節點：

```
>>> for child in soup.head.descendants:
...    print(child)
...
(換行)
<title>BeautifulSoup測試網頁</title>
BeautifulSoup測試網頁
(換行)
<meta charset="utf-8"/>
(換行)
<style>.title {color:blue; text-align: center; }</style>
(換行)
.title {color:blue; text-align: center; }
(換行)
```

6. 獲取父節點

　　所謂父節點即是某個節點之上一層的節點。在圖 10-1 的 DOM 文件樹中，以第一個「<p>」標籤（編號：2.2）為例，其父節點即為「<body>」（編號：2）。

　　使用「.parent」屬性（即 tag.parent）即可獲取指定節點的父節點，其傳回值為該父節點所包覆的 Tag 區塊。例如：第一個「<p>」的父節點為「<body>」，那麼「print(soup.p.parent)」時，將傳回 <body> 與 </body> 間所圍起來的 Tag 區塊，從圖 10-1 的 DOM 文件樹來看，就是「<body>」（編號：2）以下所有的標籤節點，故該 Tag 區塊的範圍應相當大。在此情形下，輸出時太占篇幅了，故不做示範了。在此，將僅編寫獲取父節點之標籤名稱的程式碼，意思就到了，其程式碼如下：

```
>>> print(soup.p.parent.name)
body
```

7. 獲取兄弟節點

所謂兄弟節點即是和某特定節點處於同一階層且其父節點皆相同的節點。由圖 10-1 的 DOM 文件樹來輔助觀察，以第一個「<tr>」標籤（編號：2.7.1）為例，其兄弟節點有「編號：2.7.2」、「編號：2.7.3」與「編號：2.7.4」等三個「<tr>」標籤節點。且這些標籤節點都屬第一個「<tr>」標籤（編號：2.7.1）的「弟節點」（因為位置在其下）。當然，從 DOM 文件樹來看，也可理解，第一個「<tr>」標籤（編號：2.7.1）並沒有「兄節點」。

獲取兄弟節點時，可使用「.next_sibling」屬性。也就是說，以「tag.next_sibling」的方式，就可獲取指定節點的「弟節點」（即下一個兄弟節點）；而使用「.previous_sibling」屬性（即 tag.previous_sibling）就可獲取指定節點的「兄節點」（即前一個兄弟節點）。讀者須理解的是：特定節點的「.next_sibling」或「.previous_sibling」通常會是空白字串或換行符號。這是因為空白字串或換行符號也會被視為一個節點。所以其輸出結果可能是空白或換行。如下列的程式碼：

```
>>> print(soup.tr.next_sibling)
(輸出為空白)
>>> print(soup.tr.next_sibling.next_sibling)
<tr class="r-ent" id="p1">
    <td class="title" style="background-color:#FFBB73">
        <a href="/bbs/M.8481.html">我麻吉要烙人啦</a>
    </td>
    <td class="meta" style="background-color:pink">
        <div class="author">追風者</div>
    </td>
    <td class="meta" style="background-color:rgb(232,106,192)">
        <div class="date">10/26</div>
    </td>
</tr>
```

上列的程式碼中，使用「print(soup.tr.next_sibling)」時，其輸出結果為空白（因為有換行子節點存在）。於是再找下下一個兄弟節點，即「print(soup.tr.next_sibling.next_sibling)」時，就可輸出「編號：2.7.2」的「<tr>」標籤弟節點了。而若欲找第一個「<tr>」標籤（編號：2.7.1）的兄節點時，由於沒有兄節點存在，所以將現傳回「None」，如下列的程式碼：

```
>>> print(soup.tr.privious_sibling)
None
```

8. 獲取所有的兄弟節點

只要透過使用「.next_siblings」屬性（即 tag.next_siblings）或「.previous_siblings」屬性（即 tag.previous_siblings）再配合遍歷方法，即可獲取指定節點的所有弟節點或所有兄節點。如：

```
>>> for sibling in soup.tr.next_siblings:
...        print(sibling)
...

<tr class="r-ent" id="p1">
    <td class="title" style="background-color:#FFBB73">
        <a href="/bbs/M.8481.html">我麻吉要烙人啦</a>
    </td>
    <td class="meta" style="background-color:pink">
        <div class="author">追風者</div>
    </td>
    <td class="meta" style="background-color:rgb(232,106,192)">
        <div class="date">10/26</div>
    </td>
</tr>
(換行)
<tr class="r-ent" id="p2">
    <td class="title" style="background-color:#FFBB73">
```

```
        <a href="/bbs/M.8532.html">要怎樣讓女生撒嬌？</a>
    </td>
    <td class="meta" style="background-color:pink">
        <div class="author">一枝花</div>
    </td>
    <td class="meta" style="background-color:rgb(232,106,192)">
        <div class="date">10/26</div>
    </td>
</tr>
(換行)
<tr class="r-ent" id="p3">
    <td class="title" style="background-color:#FFBB73">
        <a href="/bbs/M.8568.html">明天要選舉，要注意什麼？</a>
    </td>
    <td class="meta" style="background-color:pink">
        <div class="author">阿土伯</div>
    </td>
    <td class="meta" style="background-color:rgb(232,106,192)">
        <div class="date">10/26</div>
    </td>
</tr>
(換行)
```

9. 獲取前後節點

　　與「.next_siblings」屬性、「.previous_siblings」屬性不同，前後節點並不是針對於兄弟節點；而是在所有節點的觀點下，不區分階層的節點之前後順序關係。以圖 10-1 的 DOM 文件樹為例，第一個「<tr>」標籤（編號：2.7.1）為例，由於不分階層，所以其前節點即為「<table>」（編號：2.7）。而其後節點則為「<td>」（編號：2.7.1.1）。

　　獲取前、後節點時，將使用「.next_element」屬性（即 tag.next_element）或「.previous_ element」屬性（即 tag.previous_element）。透過下面的程式碼，即可獲取第一個「<tr>」標籤（編號：2.7.1）的前、後節點。由於前節點為 <table>，其輸出即為 <table> 與 </table> 間所包覆的區塊，輸出時所涵蓋的篇幅

相當大，故將不予以示範。在此僅示範如何獲取後節點。如：

```
>>> print(soup.tr.next_element)
(輸出爲空白)

>>> print(soup.tr.next_element.next_element)
<td style="background-color:#FFBB73">發文標題</td>
```

10. 獲取所有前後節點

如同獲取所有的兄弟節點的概念，獲取所有前後節點時，只要透過使用「.next_elements」屬性（即 tag.next_elements）或「.previous_elements」屬性（即 tag.previous_elements）再配合遍歷方法，即可獲取指定節點的所有後節點或所有前節點。如：

```
>>> for element in soup.tr.next_elements:
...        print(element)
...
(換行)
<td style="background-color:#FFBB73">發文標題</td>
發文標題
(換行)
<td style="background-color:pink">發文者</td>
發文者
(換行)
<td style="background-color:rgb(232,106,192)">發文日期</td>
發文日期
(換行)(換行)
(以下略，即圖10-1中，編號：2.7.1.1至編號：2.7.4.3.1間的所有内容)
```

10-4　搜尋 DOM 文件樹

　　BeautifulSoup 在 HTML 中萃取所需資料時，利用 HTML 原始碼中的標籤與標籤的屬性來搜索、定位是非常有效率的方法。BeautifulSoup 中的搜尋方法大致上可分為四種，如表 10-1 所示。

表 10-1　BeautifulSoup 的搜尋方法

方　　法	功　　能
find(name=None, attrs={}, recursive=True, text=None, **kwargs)	根據各類參數來找出對應的標籤，但只會傳回第一個符合條件的結果，它的傳回值是 Tag 區塊。
find_all(name=None, attrs={}, recursive=True, text=None, **kwargs)	根據各類參數來找出對應的標籤，但會傳回所有符合條件的結果它的傳回值是串列，且其內的每個元素都是 Tag 區塊。
select(參數)	當參數為標籤名稱時，即「select(' 標籤名 ')」，代表以 CSS 選擇器的方式，根據所指定的標籤名稱（參數）來篩選出資料，它的傳回值是串列。
	當參數為「'#id'」時，即「select('#id')」，代表以 CSS 選擇器的方式，根據所指定的 id 來篩選出資料，它的傳回值也是串列。
	當參數為「'.class'」時，即「select('.class')」，代表以 CSS 選擇器的方式，根據所指定的 CSS 類別（class）來篩選出資料，它的傳回值也是串列。
select_one(參數)	功能與 select() 類似，但只會傳回第一個符合條件的結果，它的傳回值是字串。

　　BeautifulSoup 物件的 find() 與 find_all() 函式使用時都必須設定參數，其參數有多個時，組合起來即成為一個參數列。具體而言，該參數列有 name、attrs、recursive、text 與 **kwarg 等五種篩選條件參數，每個參數當然都是可選的，依使用者需求為主。**kwargs 表示參數可以是 keyword 參數，這種 keyword 參數通常都是以字典的型態來傳遞。

搜尋時，find() 只會找到第一個符合條件的 Tag 區塊，且其結果的資料型態為字串；而 find_all() 將可允許獲得多個符合條件的 Tag 區塊，且其搜尋結果的資料型態為串列。由於 find() 與 find_all() 的使用方法（含傳遞的參數）皆相同，只是結果值如上述的差異點而已。因此，在以下的用法說明中，將只針對 find_all() 函式。

一、以「Tag name」為參數，進行搜尋

當以「Tag name」為 find_all() 函式的參數時，即代表使用者想根據標籤名稱，來篩選 Tag 區塊（但搜尋標籤名稱時，DOM 文件樹中的 Text 節點會被跳過，而不進行搜尋），例如：Tag 區塊「<a href=""> xxxx </a>」的標籤名稱就是「a」。以「Tag name」為參數時，標籤名稱可以是字串、正規表達式、串列、True 值或方法（或函數）等不同的形態，分別介紹如下：

1. 傳字串

最簡單的搜尋方式就是使用字串來搜尋 Tag 區塊中的標籤名稱。find_all() 會去搜尋所有與該指定字串完全匹配的標籤名稱，並逐一傳回該標籤名稱所包圍的 Tag 區塊，最後建構成一個串列。如以下的程式碼：

程式檔	ex10-1.py
1	from bs4 import BeautifulSoup
2	
3	soup = BeautifulSoup(open('example.html'), 'lxml')
4	tags = soup.find_all('a')
5	
6	for tag in tags:　　　# 使用for迴圈遍歷串列中的元素
7	print(tag)

	執行結果

1	`<a href="http://bbs/post" style="font-size:200%;">`按此連結，即可發文`</a>`
	`<a class="btn wide" href="http://example.com/prev.html" id="link1">`前頁`</a>`
	`<a class="btn wide" href="http://example.com/next.html" id="link2">`下頁`</a>`
	`<a class="btn wide" href="http://example.com/fresh.html" id="link3">`最新`</a>`
	`<a href="/bbs/M.8481.html">`我麻吉要烙人啦`</a>`
	`<a href="/bbs/M.8532.html">`要怎樣讓女生撒嬌？`</a>`
	`<a href="/bbs/M.8568.html">`明天要選舉，要注意什麼？`</a>`

在程式碼「ex10-1.py」中，於第 4 行使用字串「a」來搜尋 DOM 文件樹中，所有標籤名稱為「<a>」的節點，並將該節點所涵蓋的 Tag 區塊，逐一的轉換成 tags 串列中的元素。最後，於第 6、7 行，使用遍歷技術將 tags 串列中的所有元素逐一印出。

2. 傳正規表達式

若有需要，也可利用正規表達式（regular expression）作為參數，以進行標籤名稱的搜尋。正規表達式是對字串操作的一種邏輯公式，其利用事先已定義好的一些特定字元、符號及這些特定字元或符號的組合，而組成一個「規則字串」，這個「規則字串」可用來表達對字串的一種篩選邏輯。例如：「'^t'」即代表「以 t 為開頭的字串」之意。

在過去的爬蟲任務中，最常使用正規表達式來搜尋 HTML 原始碼，但 BeautifulSoup 模組出現後，其功能幾乎已能完成所有的搜尋任務，故正規表達式的使用頻次已漸為減少。且對於初學者而言，若不當使用正規表達式，則易使程式陷入無限循環的危機。故還是建議初學者盡量少用，故本書中亦對正規表達式的著墨甚少。若讀者想更加了解正規表達式的話，請自行參閱其它書籍。

在爬蟲任務中，若我們想找出所有以「t」開頭的標籤名稱時，其程式碼如下：

程式檔	ex10-2.py
1	from bs4 import BeautifulSoup
2	import re 　#先行匯入正規表達式模組
3	
4	soup = BeautifulSoup(open('example.html'), 'lxml')
5	tags = soup.find_all(re.compile('^t'))
6	
7	for tag in tags:
8	print(tag.name)
執行結果	
1	title table tr td (以下略)

　　在程式碼「ex10-2.py」中，由於程式碼中需使用正規表達式，所以於第 2 行中先匯入 Python 內建的 re 模組，以利後續對正規表達式的運用。接著，於第 5 行中的符號「^」，就是一個用於建構正規表達式的符號，代表符合匹配條件的標籤名稱必須以其後所連接的字元為開頭之意。例如：正規表達式「^t」即代表若標籤名稱是以「t」開頭的話，就會被篩選出來。

　　程式中，運用正規表達式時，須利用「re.compile()」方法將其先轉化成正規表達式物件，才能用於匹配條件。待篩選出以「t」為開頭的標籤名稱後，再於第 7、8 行中，使用遍歷技術將 tags 串列中的所有元素逐一印出。從輸出結果中，可發現 DOM 文件樹中，只要是以「t」為開頭的節點，都會被篩選出來（當然，Text 節點會被忽略）。

3. 傳串列

如果以串列作爲 find_all() 的參數，那麼 BeautifulSoup 物件將篩選出與串列中任一元素相符的標籤名稱。例如：程式碼「ex10-3.py」將找出所有 <h1> 或 <a> 標籤所涵蓋的 Tag 區塊。

程式檔	ex10-3.py
1	from bs4 import BeautifulSoup
2	
3	soup = BeautifulSoup(open('example.html'), 'lxml')
4	tags = soup.find_all(['h1', 'a'])
5	
6	for tag in tags:
7	print(tag)
執行結果	

1	`<h1 class="title">模擬八卦版</h1>`
	`<a href="http://bbs/post" style="font-size:200%;">按此連結，即可發文</a>`
	`<a class="btn wide" href="http://example.com/prev.html" id="link1">前頁</a>`
	`<a class="btn wide" href="http://example.com/next.html" id="link2">下頁</a>`
	`<a class="btn wide" href="http://example.com/fresh.html" id="link3">最新</a>`
	`<a href="/bbs/M.8481.html">我麻吉要烙人啦</a>`
	`<a href="/bbs/M.8532.html">要怎樣讓女生撒嬌？</a>`
	`<a href="/bbs/M.8568.html">明天要選舉，要注意什麼？</a>`

4. 傳方法

如果匹配的規則過於複雜時，也以先將這些匹配邏輯包裝於一個函式（但此種函式只能允許具有一個參數）中，然後再將該函式作爲參數傳入 find_all() 函式中。若這個函式的傳回值爲「True」，表示能獲得匹配；若不能匹配則傳回「False」。例如：程式碼「ex10-4.py」中，「has_class_but_no_id(tag)」這個函

式將檢驗所指定的 Tag 區塊中，如果包含「id」屬性而不包含「class」屬性時，就傳回「True」。而當傳回「True」時，find_all() 就會將 DOM 文件樹中只包含「id」屬性而不包含「class」屬性的 Tag 區塊篩選出來。

程式檔	ex10-4.py
1	from bs4 import BeautifulSoup
2	
3	soup = BeautifulSoup(open('example.html'), 'lxml')
4	
5	def has_id_but_no_class (tag):
6	return tag.has_attr('id') and not tag.has_attr('class')
7	
	tags = soup.find_all(has_id_but_no_class)
	for tag in tags:
	print(tag)
執行結果	
1	\<p id="p1">歡迎來到八卦者天堂\</p>\ \<p id="p2" style="">主題擴及天南地北，請踴躍發文......\</p>

二、keyword 參數（關鍵字參數）

當搜尋 DOM 文件樹時，若參數不以「keyword 參數」的方式來傳遞時，那麼 find_all() 就會針對標籤名稱來搜尋。因此，如果不是要搜尋標籤名稱時，那麼就必須使用「keyword 參數」方式來傳遞參數。例如：要搜尋「id」屬性為「p2」的 Tag 區塊時，由於搜尋的標的不是標籤名稱，因此就必須以「id = 'p2'」這樣的「keyword 參數」來當作 find_all() 的參數。如下列的程式碼：

程式檔	ex10-5.py
1	from bs4 import BeautifulSoup
2	
3	soup = BeautifulSoup(open('example.html'), 'lxml')
4	
5	for tag in soup.find_all(id = 'p2'):
6	print(tag)
執行結果	
1	```html<p id="p2" style="">主題擴及天南地北，請踴躍發文......</p><tr class="r-ent" id="p2"> <td class="title" style="background-color:#FFBB73"> <a href="/bbs/M.8532.html">要怎樣讓女生撒嬌？</a> </td> <td class="meta" style="background-color:pink"> <div class="author">一枝花</div> </td> <td class="meta" style="background-color:rgb(232,106,192)"> <div class="date">10/26</div> </td></tr>```

在程式碼「ex10-5.py」的第 5 行中，使用 keyword 參數「id = 'p2'」來當作 find_all() 函式的參數，由輸出結果可發現，「id」屬性為「p2」的 Tag 區塊都被篩選出來了，篩選結果中，一個為 DOM 文件樹節點編號為 2.3 的 <p> 區塊，另一個是節點編號為 2.7.3 的 <tr> 區塊。

再例如：如果以「href」為 keyword 參數時，則就會去搜尋 DOM 文件樹中的「href」節點。

程式檔	ex10-6.py
1	from bs4 import BeautifulSoup
2	import re
3	
4	soup = BeautifulSoup(open('example.html'), 'lxml')
5	
6	for tag in soup.find_all(href = re.compile('http://example.com')):
7	print(tag)
執行結果	

1	`<a class="btn wide" href="http://example.com/prev.html" id="link1">前頁</a>`
	`<a class="btn wide" href="http://example.com/next.html" id="link2">下頁</a>`
	`<a class="btn wide" href="http://example.com/fresh.html" id="link3">最新</a>`

另外，也可以使用如「soup.find_all(href = re.compile('http://example.com'), id='link2')」這樣的方式，來篩選「href」的值有包含「'http://example.com'」字串且「id='link2'」的 Tag 區塊。其結果只搜尋到一個 Tag 區塊，如下：

```
<a class="btn wide" href="http://example.com/next.html" id="link2">下頁</a>
```

最後，須提醒讀者的是：當欲使用「keyword 參數」方式來對「class」屬性進行篩選時，由於「class」是 Python 的關鍵字，因此指定參數時，必須迴避這個關鍵字，解決的方法是：在 class 之後加個下底線，如「class_ = ' author '」。這個搜尋方式，未來在爬蟲的任務中，會時常用到。其程式碼如下：

程式檔	ex10-7.py
1	from bs4 import BeautifulSoup
2	
3	soup = BeautifulSoup(open('example.html'), 'lxml')
4	
5	for tag in soup.find_all(class_ = 'author'):
6	print(tag)
執行結果	
1	<div class="author">追風者</div> <div class="author">一枝花</div> <div class="author">阿土伯</div>

三、text 參數

　　find_all() 透過 text 參數可以搜尋 DOM 文件樹中的「text」節點，也就是包含於 <tag> 與 </tag> 間的字串。與「name」參數的指定方式相似，可以參數值為字串、正規表達式、串列與 True。例如：

程式檔	ex10-8.py
1	from bs4 import BeautifulSoup
2	import re
3	
4	soup = BeautifulSoup(open('example.html'), 'lxml')
5	
6	tags_1 = soup.find_all(text = '前頁')
7	print('tags_1 = ', tags_1)

8	
9	tags_2 = soup.find_all(text = ['前頁', '下頁', '最新'])
10	print('tags_2 = ', tags_2)
11	
12	tags_3 = soup.find_all(text = re.compile('^發'))
13	print('tags_3 = ', tags_3)
執行結果	
1	tags_1 = ['前頁'] tags_2 = ['前頁', '下頁', '最新'] tags_3 = ['發文內容', '發文標題', '發文者', '發文日期']

四、limit 參數

　　find_all() 函式會傳回全部的搜尋結果，且會將符合條件的 Tag 區塊逐一轉換為串列中的元素。在大型的 DOM 文件樹中，進行 find_all() 搜尋時，若要傳回全部的篩選結果，程式的執行速度將變得相當緩慢。在此情形下，如果我們並不需要獲得全部的結果時，就可利用 limit 參數來限制傳回結果的數量。例如：下列的程式碼，我們只限制傳回兩個 Tag 區塊就好：

程式檔	ex10-9.py
1	from bs4 import BeautifulSoup
2	import re
3	
4	soup = BeautifulSoup(open('example.html'), 'lxml')
5	
6	for tag in soup.find_all(href = re.compile('http://example.com'), limit = 2):

7	print(tag)
執行結果	
1	\<a class="btn wide" href="http://example.com/prev.html" id="link1">前頁\</a> \<a class="btn wide" href="http://example.com/next.html" id="link2">下頁\</a>

五、recursive 參數

在 DOM 文件樹中進行 find_all() 函式搜尋時，當搜尋到符合條件的標籤節點時，會將 DOM 文件樹中所有的子孫節點，全都列入搜尋結果的 Tag 區塊中，這是因為 find_all() 函式中的「recursive」參數預設為「True」的原因所致。但若設定將「recursive」參數設定為「False」時，則將只搜尋至直接子節點而已。如下列的程式碼：

程式檔	ex10-10.py
1	from bs4 import BeautifulSoup
2	import re
3	
4	soup = BeautifulSoup(open('example.html'), 'lxml')
5	tags_t = soup.find_all('title')
6	print('設定recursive = True時，結果為：',tags_t)
7	
8	tags_f = soup.find_all('title', recursive = False)
9	print('設定recursive = False時，結果為：',tags_f)
執行結果	
1	設定recursive = True時，結果為： [\<title>BeautifulSoup測試網頁\</title>] 設定recursive = False時，結果為： []

　　在「ex10-10.py」的輸出結果可發現，當設定「recursive = False」時，輸出結果為空串列（即沒找到）。這是因為，從圖 10-1 的 DOM 文件樹來看，<title> 標籤屬 <html> 標籤下的孫節點，並不是其直接的子節點，<head> 標籤與 <body> 標籤才是直接子節點，在允許查詢所有後代節點（recursive=True）時，BeautifulSoup 能夠找到 <title> 標籤，但是使用了 recursive=False 參數之後，只能搜尋直接子節點，當然這樣就查不到 <title> 標籤了。

　　再來看看一個範例，我們將於程式碼中讀取另外一個 HTML 檔案（intro.html），這個網頁的 DOM 文件樹，如圖 10-2。從圖 10-2 可見，DOM 文件樹中有四個 <a> 標籤，且分屬不同的層級。一個為 <body> 的直接子節點，三個為 <body> 的孫節點，我們來看看「ex10-11.py」的程式碼：

圖 10-2　intro.html 的 DOM 文件樹

程式檔	ex10-11.py
1	from bs4 import BeautifulSoup
2	
3	soup = BeautifulSoup(open('intro.html'), 'lxml')
4	posi = soup.find('body')
5	
6	tags_t = posi.find_all('a')
7	print('設定recursive = True時，結果為：')
8	for tag in tags_t:
9	print(tag)
10	
11	print('\n設定recursive = False時，結果為：')
12	tags_f = posi.find_all('a', recursive = False)
13	for tag in tags_f:
14	print(tag)

執行結果	
1	設定recursive = True時，結果為： <a href="http://example.com/intro.html">網站介紹</a> <a class="btn wide" href="http://example.com/prev.html" id="link1">前頁</a> <a class="btn wide" href="http://example.com/next.html" id="link2">下頁</a> <a class="btn wide" href="http://example.com/fresh.html" id="link3">最新</a> 設定recursive = False時，結果為： <a href="http://example.com/intro.html">網站介紹</a>

在「ex10-11.py」的第 4 行，先找出 <body> 與 </body> 所圍起來的區塊。然後在第 6 行以「recursive=True」的方式，於 <body> 區塊中搜尋所有的 <a> 節點，最後依序輸出，明顯的可找到四個 <a> 節點。然而，若以「recursive=False」

的方式進行搜尋的話（第 12 行），由於將只搜尋 <body> 節點的直接子節點，所以只能找到一個 <a> 節點。

10-5　CSS 選擇器

CSS（Cascading Style Sheets），一般稱之為層疊樣式表，簡稱樣式表。它是一種用來表現 HTML 或 XML 等文件之樣式的程式語言。CSS 不僅可以靜態地修飾網頁，還可以配合各種腳本語言而動態地對網頁各元素進行格式化。如果 HTML 是一個人，那麼 CSS 就可比擬為衣服，有了它就可讓 HTML 的表現樣式更豐富、更多彩多姿。

當宣告（定義）好 CSS 樣式表後，HTML 中的元素要套用 CSS 樣式表時，需指定 CSS 選擇器以從 CSS 樣式表中選取所需的樣式。也就是說，在 CSS 中，CSS 選擇器就是一種選取欲套用之樣式的方法或模式，用於選擇需要添加樣式的元素。例如：在本章的範例網頁（example.html）之原始碼中，於 <head> 部分宣告了一個 CSS 樣式表（雖只有一個樣式）：

```
<style>
    .title {
        color:blue;
        text-align: center;
        }
</style>
```

所以 <body> 中的元素要套用這個 CSS 樣式表的樣式時，就要去選擇要套用哪個樣式，例如：「<h1 class="title"> 模擬八卦版 </h1>，即代表 <h1> 與 </h1> 間的文字，將來顯示時要套用「title」這個樣式，由於「title」樣式於宣告時，「title」前面有個「.」，代表它的屬性是「class」，因此套用時須使用「class="title"」的方式，這個「class="title"」規則就是 CSS 選擇器的一種。

基本上，建構 CSS 樣式表時，樣式的定義方式有 3 種，即以標籤名稱定義、以類別（class）定義與以識別碼（id）定義。因此，將來元素欲套用樣式時，必須要選擇套用哪一種類的樣式，於是 CSS 選擇器乃孕育而生。CSS 選擇器共有四種，包含標籤名稱選擇器、類別（class）選擇器、id 選擇器和組合選擇器。

就爬蟲任務而言，CSS 樣式也會有助於我們從雜亂的 HTML 原始碼中萃取出所需資料。因此，BeautifulSoup 也支持最常用的 CSS 選擇器。在 BeautifulSoup 物件或 Tag 區塊（bs4.element.Tag）的「select()」方法中傳入字串參數，就可以使用 CSS 選擇器的語法規則來找到所需要的標籤節點。故熟悉 CSS 選擇器語法，對於爬蟲工作者而言，也是個非常重要的課題。

一、透過標籤名稱搜尋（名稱選擇器）

所謂透過「標籤名稱」搜尋就是於「select()」方法中傳入標籤名稱（例如：body、p、h1、h2、h3 等）而搜尋 Tag 區塊之意。且此標籤名稱必須屬字串型態才能作為「select()」方法的參數。例如：下列程式中將以「select()」函式來篩選 DOM 文件樹中，所有含「<a>」標籤的 Tag 區塊：

程式檔	ex10-12.py
1	from bs4 import BeautifulSoup
2	
3	soup = BeautifulSoup(open('example.html'), 'lxml')
4	
5	for tag in soup.select('a'):
6	print(tag)
執行結果	

| 1 | `<a href="http://bbs/post" style="font-size:200%;">`按此連結，即可發文`</a>`
`<a class="btn wide" href="http://example.com/prev.html" id="link1">`前頁`</a>`
`<a class="btn wide" href="http://example.com/next.html" id="link2">`下頁`</a>`
`<a class="btn wide" href="http://example.com/fresh.html" id="link3">`最新`</a>`
`<a href="/bbs/M.8481.html">`我麻吉要烙人啦`</a>`
`<a href="/bbs/M.8532.html">`要怎樣讓女生撒嬌？`</a>`
`<a href="/bbs/M.8568.html">`明天要選舉，要注意什麼？`</a>` |

程式碼「ex10-12.py」的第 5 行中，「select()」方法的參數為標籤名稱「'a'」，這樣就能於 example.html 之整個 DOM 文件樹中，篩選出所有以 `<a>` 與 `</a>` 包圍的 Tag 區塊（即 DOM 文件樹中的所有 a 節點）。篩選出符合選擇器（'a'）的 Tag 區塊後，會逐一的將每個 Tag 區塊存入串列中。此時，再利用遍歷技術（for 迴圈）即可將篩選結果（串列中的每個元素）逐一輸出。

其實，讀者也不難發現使用「select('a')」和「find_all('a')」的結果是完全一樣的。

二、透過類別名稱搜尋（類別選擇器）

透過「類別名稱」搜尋時，就是在篩選 DOM 文件樹中含有「class」屬性的標籤節點（Tag 區塊）。在 HTML 中的標籤，雖會使用「class=" 類別名稱 "」的方式來套用 CSS 樣式表。但在 CSS 樣式表中宣告時，是以「. 類別名稱」（以小數點開頭）來定義樣式，所以其 CSS 選擇器即為「. 類別名稱」。故於 BeautifulSoup 物件中，透過類別名稱進行搜尋時，也必須以字串型態的「. 類別名稱」作為傳入「select()」的參數。例如：

程式檔	ex10-13.py
1	from bs4 import BeautifulSoup
2	
3	soup = BeautifulSoup(open('example.html'), 'lxml')

4	
5	for tag in soup.select('.title'):
6	print(tag,'\n')
執行結果	

1	`<h1 class="title">模擬八卦版</h1>`
	
	`<td class="title" style="background-color:#FFBB73">`
	　　`<a href="/bbs/M.8481.html">我麻吉要烙人啦</a>`
	`</td>`
	
	`<td class="title" style="background-color:#FFBB73">`
	　　`<a href="/bbs/M.8532.html">要怎樣讓女生撒嬌？</a>`
	`</td>`
	
	`<td class="title" style="background-color:#FFBB73">`
	　　`<a href="/bbs/M.8568.html">明天要選舉，要注意什麼？</a>`
	`</td>`

　　程式碼「ex10-13.py」的第 5 行中，於「select()」方法中傳入了「'.title'」參數，這樣便能於 example.html 之整個 DOM 文件樹中，篩選出所有套用類別名稱為「title」（.title）樣式的 Tag 區塊。篩選出符合選擇器（'.title'）的 Tag 區塊後，會逐一的將每個 Tag 區塊存入串列中。此時，再利用遍歷技術（for 迴圈）即可將篩選結果（串列中的每個元素）逐一輸出。

　　若和先前的「find_all()」比較，可以發現下面的程式碼，其篩選結果都是和程式碼「ex10-13.py」的輸出結果一樣（資料型態也一樣，皆屬串列）。

```
soup.select('.title')
soup.find_all(class_='title')
soup.find_all(attrs = {'class':'title'})
```

三、透過 id 搜尋（id 選擇器）

　　id 屬性在 HTML 原始碼中具有獨一無二的特性。搜尋時，也因此特別有效率。透過 id 搜尋時，就是在篩選 DOM 文件樹中含有「id」屬性的標籤節點（Tag 區塊）。在 HTML 中的標籤，雖會使用「id=" 識別碼 "」的方式來套用 CSS 樣式表。但在 CSS 樣式表中宣告時，是以「# 識別碼」（以 # 開頭）來定義樣式，所以其 CSS 選擇器即為「# 識別碼」。故於 BeautifulSoup 物件中，透過 id 進行搜尋時，也必須以字串型態的「# 識別碼」作為傳入「select()」的參數。例如：

程式檔	ex10-14.py
1	from bs4 import BeautifulSoup
2	
3	soup = BeautifulSoup(open('example.html'), 'lxml')
4	
5	for tag in soup.select('#p3'):
6	print(tag,'\n')
執行結果	

1	`<p class="story_btn" id="p3">`
	`<a class="btn wide" href="http://example.com/prev.html" id="link1">前頁</a>`
	`<a class="btn wide" href="http://example.com/next.html" id="link2">下頁</a>`
	`<a class="btn wide" href="http://example.com/fresh.html" id="link3">最新</a>`
	`</p>`
	
	`<tr class="r-ent" id="p3">`
	`<td class="title" style="background-color:#FFBB73">`
	`<a href="/bbs/M.8568.html">明天要選舉，要注意什麼？</a>`
	`</td>`
	`<td class="meta" style="background-color:pink">`
	`<div class="author">阿土伯</div>`
	`</td>`
	`<td class="meta" style="background-color:rgb(232,106,192)">`
	`<div class="date">10/26</div>`
	`</td>`
	`</tr>`

程式碼「ex10-14.py」的第 5 行，於「select()」方法中傳入了「'#p3'」參數，這樣便能於 example.html 之整個 DOM 文件樹中，篩選出所有套用 id 爲「p3」（#p3）樣式的 Tag 區塊。由輸出結果可知，共篩選出 2 個標籤節點，一個爲 <p class="story_btn" id="p3"> 的 Tag 區塊；另一個爲 <tr class="r-ent" id="p3"> 的 Tag 區塊。篩選出這些符合選擇器（'#p3'）的 Tag 區塊後，會逐一的將每個 Tag 區塊存入串列中。此時，再利用遍歷技術（for 迴圈）即可將篩選結果（串列中的每個元素）逐一輸出。

若和先前的「find_all()」比較，可以發現下面的程式碼，其篩選結果都是和程式碼「ex10-14.py」一樣（資料型態也一樣，皆屬串列）。

```
soup.select('#p3')
soup.find_all(id = 'p3')
soup.find_all(attrs = {'id':'p3'})
```

四、組合搜尋

組合搜尋即透過標籤名稱、類別名稱與 id 等三類選擇器，進行組合後的搜尋方式。例如：欲搜尋「指定標籤」（如 td）的「類別名稱」（如 title）時，其程式碼如下：

程式檔	ex10-14.py
1	from bs4 import BeautifulSoup
2	
3	soup = BeautifulSoup(open('example.html'), 'lxml')
4	
5	for tag in soup.select('td.title'):
6	print(tag,'\n')

執行結果	

1	`<td class="title" style="background-color:#FFBB73">`
	`<a href="/bbs/M.8481.html">`我麻吉要烙人啦`</a>`
	`</td>`
	
	`<td class="title" style="background-color:#FFBB73">`
	`<a href="/bbs/M.8532.html">`要怎樣讓女生撒嬌？`</a>`
	`</td>`
	
	`<td class="title" style="background-color:#FFBB73">`
	`<a href="/bbs/M.8568.html">`明天要選舉，要注意什麼？`</a>`
	`</td>`

若和先前的「find_all()」比較，可以發現下面的程式碼，其篩選結果都是和程式碼「ex10-14.py」一樣（資料型態也一樣，皆屬串列）。

```
soup.select('td.title')
soup.find_all('td', class_ = 'title')
soup.find_all('td', attrs = {'class':'title'})
```

另外，也可以使用「>」符號來搜尋直接子節點之標籤名稱。例如：以「'head > title'」的方式來進行搜尋 < head > 節點的直接子節點 < title >，如：

```
soup.select('head > title')
```

則其輸出結果就為：

```
<title>BeautifulSoup測試網頁</title>
```

　　對於 BeautifulSoup 物件的各種搜尋方式，已全部介紹完畢，盼讀者能多加練習，這樣才足以應付各類爬蟲程式的挑戰。

爬取「PChome 24h 購物」的商品資料

在第9、10章中，我們分別介紹了向伺服器發出請求的方法（requests 模組）與萃取所需資料的技術（BeautifulSoup 模組）。從本章起，將透過一些實際的案例，引領讀者熟悉各種提取資料的字串操作、存檔方法與結果資料的分析技術。

11-1　PChome 24h 購物網站

大部分的購物網站之商品資訊會透過 Ajax 方式來儲存。在這種情形下，當透過請求查詢商品資料後，所得到的 HTML 原始碼裡面並沒有我們需要的資料，也就是說，HTML 原始碼中，並沒有我們在瀏覽器中所看到的資訊內容。若讀者在開發爬蟲程式的過程中，遇到此種狀況時，讀者或許可以嘗試在 Chrome 開發者工具的「XHR」或「JS」分頁中找看看有沒有所需的資訊。

此外，使用 Ajax 技術的網頁亦常有一特徵，即當使用者的搜尋結果資料很多時，也不會在搜尋結果網頁中看到翻頁按鈕或連結，但當使用者於頁面最右端的卷軸向下拖動到頁面的最末尾時，網頁就會自動的給我們加載出更多新的搜尋結果資料。本範例中，所欲爬取的「PChome 24h 購物」網站，就是屬於這種使用了 Ajax 技術的網站。「PChome 24h 購物」網站的搜尋結果頁面，如圖 11-1 所示。

延續第 9-4 節中，對爬取「PChome 24h 購物」網站之商品資料的介紹。在此，將修改「ex9-6.py」的程式碼，以讓爬蟲程式看起來更具結構化。

圖 11-1　「PChome 24h 購物」網站的搜尋結果頁面

11-2　確認標的網站的 URL 網址

先利用瀏覽器，在 PChome 24 小時購物網站中，輸入商品關鍵字，開始搜尋相關產品，以確認搜尋商品時的網頁連結路徑，例如：搜尋關鍵字「python」（如圖 11-1）。顯示出搜尋結果頁面後，由 Chrome 開發者工具中的「Network\All」分頁中的第一個文件「?q=python」的「Headers」分頁之「General」項目中，可以理解 PChome 24 小時購物網站，查詢商品資料時，使用的方法為 Get，且使用「Query String Parameters」的方式來傳遞表單參數（即所輸入的關鍵字），其商品連結路徑為：http://ecshweb.pchome.com.tw/search/v3.3/?q= python。如圖 11-2。

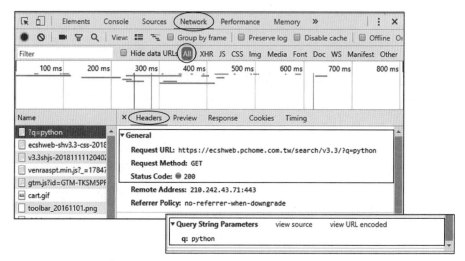

圖 11-2　搜尋網頁之資訊畫面

　　然而，再由 Chrome 開發者工具中的「Response」分頁，查看 HTML 原始碼時，卻發現上述連結路徑之原始碼中並不存在任何商品資料，且於瀏覽器中拉動搜尋結果頁面的捲軸時，分頁資料卻可陸續載入，因此可研判此搜尋結果網頁應屬 Ajax 網頁。故將 Chrome 開發者工具切換至「XHR」分頁中，然後按 🚫 鈕清空現有的顯示文件，再按「F5」鍵重新載入網頁，並查看「XHR」分頁中的文件。經文件測試、研判過程，就可發現搜尋結果資料確實放置於「XHR」分頁中，且搜尋結果頁面之正確的 URL 網址（這個 URL 的特徵為具有分頁資訊），如圖 11-3。故搜尋結果頁面之正確連結應為：

https://ecshweb.pchome.com.tw/search/v3.3/all/results?q=python&page=1&sort=rnk/dc

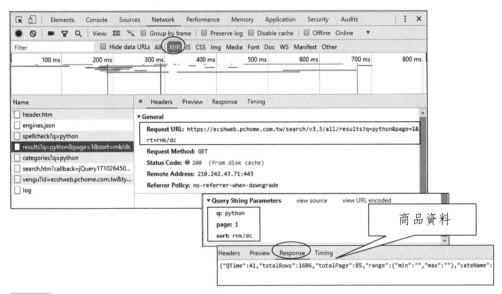

圖 11-3　找出搜尋結果頁面之正確連結

　　在點選「result?q=python...」文件的情形下，由「Headers」分頁的「General」項目中即可看到連結的網址、Get 請求方法且以「Query String Parameters」方式傳遞表單參數。而在「Response」分頁也可看到商品資料，且商品資料相關資料為 JSON 格式。此外，上述正確的 URL 中，也帶著表單參數，致使 URL 字串相當長。由於未來使用「requests」方法向伺服器提出請求時，可以將表單參數指定成參數而傳入「requests」方法中，故可不用在 URL 中攜帶「Query String Parameters」。因此，最後確認搜尋結果頁面的 URL，應為：

https://ecshweb.pchome.com.tw/search/v3.3/all/results

即可。

11-3　送出 HTTP 請求，取得頁面資料（JSON 格式）

確認出正確的 URL 後，即可使用「requests」方法向伺服器送出 HTTP 請求，以獲取搜尋結果的頁面資料（本範例爲 JSON 格式），如下所示。

表 11-1　Get_PageContent() 函式與回傳結果

程式檔	ex11-1.py		函式	Get_PageContent(url, keyword, i)
1	def Get_PageContent(url, keyword, i):			
2	my_params = {			
3	'q': keyword,			
4	'page': i,			
5	'sort': 'rnk/dc'			
6	}			
7				
8	res = requests.get(url, params = my_params)			
9	content = json.loads(res.text)			
10	return content			

執行結果
若搜尋關鍵字「python」，並印出content變數時，結果如下： {'QTime': 41, 'totalRows': 1686, 'totalPage': 85, 'range': {'min': '', 'max': ''}, 'cateName': '', 'q': 'python', 'subq': '', 'token': ['python'], 'prods': [{'Id': 'DJAA2V-A90096NCI', 'cateId': 'DJAA17', 'picS': '/items/DJAA2VA90096NCI/000002_1530688671.jpg', 'picB': '/items/DJAA2VA90096NCI/000001_1530688671.jpg', 'name': 'Python大數據特訓班：資料自動化收集、整理、分析、儲存與應用實戰（附近300分鐘影音教學／範例程式）', 'describe': 'Python大數據特訓班：資料自動化收集、整理、分析、儲存與應用實戰（附近300分鐘影音教學／範例程式）\\r\\n\\n', 'price': 356, 'originPrice': 356, 'author': '文淵閣工作室', 'brand': '碁峰資訊', 'publishDate': '2018/07/11', 'sellerId': '', 'isPChome': 1, 'isNC17': 0, 'couponActid': [], 'BU': 'ec'}, ……..(以下略)]}

　　在「Get_PageContent(url, keyword, i)」中，傳入了三個參數，分別為 url（目標網址）、keyword（所欲搜尋的商品關鍵字）與 i（搜尋結果的頁碼）。然後於第 8 行中，使用「requests.get()」方式送出 HTTP 請求，其帶有兩個參數，即 url（目標網址）與 params 參數。此 params 參數於送出請求時，將以「Query String Parameters」方式連接於 url 之後，以對 PChome 24 小時購物網站的商品資料進行查詢。params 參數的指定值為「my_params」變數，「my_params」變數的資料型態為字典（第 2~6 行），鍵「q」接收了 keyword（所欲搜尋的商品關鍵字）；而鍵「page」則搜尋結果之頁碼；鍵「sort」則指定了結果資料的排序方式。

　　由於 PChome 24h 購物網站，使用了 Ajax 技術，故伺服器將回傳 JSON 格式（字串型態）的搜尋結果頁面資料。因此，必須將此資料轉成 Python 所能讀取的字典物件，故使用「json.loads(res.text)」的方式就可將字串型態的 JSON（res.text）轉成 Python 字典物件（第 9 行）。轉換完成後，將結果存入 content 變數中，再傳回給原呼叫程式（主程式 main()）。

11-4　解析結果頁面資料，獲取商品資訊

　　若將函式「Get_PageContent(url, keyword, i)」的回傳值 content 變數印出，其結果如表 11-1 的「執行結果」欄。觀察輸出結果，很容易可以發現所有的商品都放在鍵「'prods'」之下、且各分頁之商品資訊皆儲存於字典型態的串列中（一分頁商品即是一個串列，一個串列元素中有 20 項商品，且每項商品的資料型態為字典）。例如：商品名稱在代表該商品的串列元素之字典鍵「'name'」中、售價則在鍵「'price'」中。

　　由於所有商品資料已明確的可用字典型態表達出來，因此也不用 BeautifulSoup 套件來輔助萃取，直接用基本的字典方法，就可把所有的商品查詢結果萃取出來，程式碼如下：

表 11-2 Parse_Get_MetaData() 函式與回傳結果

程式檔	ex11-1.py	函式	Parse_Get_MetaData(url, keyword, page)
1	def Parse_Get_MetaData(url, keyword, page):		
2	products_list = list()		
3	product_no = 0		
4			
5	#依頁碼順序取資料，各頁的商品包在'prods'中		
6	for i in range(1,page+1):		
7	data = Get_PageContent(url, keyword, i)		
8	if 'prods' in data:		
9	products = data['prods']		
10			
11	#取出各頁中的每個商品		
12	for product in products:		
13	product_no +=1		
14	products_list.append({ 　'編號': product_no, 　'品名': product['name'], 　'商品連結': 'https://24h.pchome.com.tw/prod/' 　　　　　　+ product['Id'], 　'價格': product['price'] })		
15			
16	else:		
17	break		
18			
19	return products_list		

執行結果	
1	若搜尋關鍵字，並印出products_list變數時，結果如下： [{'編號': 1, '品名': 'Python大數據特訓班：資料自動化收集、整理、分析、儲存與應用實戰（附近300分鐘影音教學／範例程式）', '商品連結': 'https://24h.pchome. com.tw/prod /DJAA2V-A90096NCI', '價格': 356}, {'編號': 2, '品名': 'Python 網路爬蟲與資料分析入門實戰', '商品連結': 'https://24h.pchome.com.tw/prod/DJAA2V-A9009G8HW', '價格': 356},, ...(以下略)]}

在函式「Parse_Get_MetaData(url, keyword, page)」中，使用了兩個 for 迴圈，外層的「for i in range(1,page+1)」（第 6 行）中，主要功能為依序存取各分頁資料，首先呼叫「Get_PageContent()」函式取得搜尋結果資料（第 7 行），並存於 data 變數中，由於每分頁的商品資料都存在鍵「'prods'」中，故使用「data['prods']」的方式（第 9 行），即可取出各分頁的商品資料，取出後存入「products」變數中（第 10 行）。

而內層的「for product in products」（第 12 行）則用以取出各頁中的每個商品。各分頁都有 20 項商品，使用迴圈方式依序取出每個商品（product 變數），然後再利用字典的基本操作，解析各商品的詳細資訊，例如：product['name'] 即代表「品名」、product['Id'] 代表「產品 id」，此「產品 id」若再加上「https://24h. pchome.com.tw/prod/」即可建構成該商品之詳細說明的連結，而 product['price'] 即為商品價格。各個商品的基本詳細資料取出後，製作成字典型態，然後一個商品組成一個串列元素而儲存於 products_list 串列變數中（第 14 行）。products_list 串列變數的內容，如表 11-2 的「執行結果」欄。最後傳回 products_list 串列變數給原呼叫程式。

11-5　將商品詳細資料，存入 Excel 檔案中

到目前為止，所有搜尋到的商品都已經以字典型態的方式，儲存於 products_list 串列變數中了。products_list 串列變數中的每一個串列元素，都是一個字典，代表一個商品，其儲存狀況，如表 11-2 的「執行結果」欄。

套裝軟體 Microsoft Excel 大概是目前使用者最多、計算分析能力最強的試算軟體了。若能將所爬取的商品資料儲存於 Microsoft Excel 軟體中，那麼將來欲應用於分析、比價或統計時，就可收事半功倍之效。將資料存成 Excel 檔案時，將運用到 pandas 套件模組。

在 Python 中，若要處理數值的分析問題，第一個會想到的套件，大概就是 pandas 模組了。pandas 取名自 pan(el)-da(ta)-s。此名稱也正好與該套件主要提供的三種資料結構：Panel、DataFrame 與 Series 相呼應。pandas 模組可以提供使用者，快速便捷地處理大量數據的資料結構和函數。為了能處理大數據，pandas 提供了相當複雜、精密的索引功能，以便能更為便捷地完成重塑、切片和切塊、聚合以及選取數據子集等操作。因此，在本書中，所有的數據處理，我們都將使用 pandas。然而，在本書中將不另闢章節說明 pandas 的操作，最主要的原因是我們只會在將資料儲存入 Excel 檔案時才會用到 pandas 輔助整理資料。因此，讀者只要了解其處理資料的過程即可。若讀者有更深入性的需求的話，建議可參考其它有關 pandas 的專業書籍。

pandas 的三種數據結構（Panel、DataFrame 與 Series）中，Panel 屬 3D 資料，但不常被使用；Series 數據結構在本質上是個 1D 陣列，構造簡單、處理速度快，但較不適用於複雜的資料結構。而 DataFrame 數據結構於本質上即屬 2D 陣列，使用「index」定位列，而用「columns」定位行。由於，Excel 檔的資料結構，亦屬 2D 數據結構，故在本書中，將使用 DataFrame 數據結構輔助存取 Excel 檔案。

使用 pandas 時，須先匯入套件，並指名要使用何種數據結構。例如：要使用 DataFrame 數據結構時，匯入方法為於程式開頭宣告「from pandas import

DataFrame」。匯入後，即可用用 DataFrame 的 2D 結構性來操作相關資料。舉個簡單的例子，當資料以如下的字典型態儲存時：

```
data ={ 'city': ['Taipei', ' Hsinchu ', ' Taichung ', ' Tainan ', ' Kaohsiung '],
      'year': [2010, 2013, 2012, 2011, 2014],
      'pop': [1.5, 1.8, 3.6, 2.4, 3.2]}
```

　　基本上，data 這個資料就是一個 2D 陣列，鍵值對中，鍵即代表「行」的概念；而值就是該行中的列。例如：鍵為「city」（行）時，其可包含五種值（列）。現在，我們想把 data 變數轉成 DataFrame 的數據結構時，只須下達下列的程式碼即可：

```
df = DataFrame(data)
```

　　當印出 df 時，就會以一個 2D 表格的形式呈現出來（如表 11-3），基本上，其外觀與 Excel 之活頁簿的表格並無差異。

表 11-3　DataFrame 的數據結構

	city	year	pop
0	Taipei	2010	1.5
1	Hsinchu	2013	1.8
2	Taichung	2012	3.6
3	Tainan	2011	2.4
4	Kaohsiung	2014	3.2

　　具備使用 pandas 之 DataFrame 數據結構的相關概念後，我們就來嘗試把 products_list 串列變數中的商品資料轉存入一個 Excel 檔（pchome24.xlsx）中，其程式碼如下：

表 11-4　Save2Excel() 函式

程式檔	ex11-1.py	函式	Save2Excel(products)
1	def Save2Excel(products):		
2	product_no = [entry['編號'] for entry in products]		
3	product = [entry['品名'] for entry in products]		
4	product_link = [entry['商品連結'] for entry in products]		
5	price = [entry['價格'] for entry in products]		
6			
7	df = DataFrame({		
8	'編號':product_no,		
9	'品名':product,		
10	'商品連結':product_link,		
11	'價格':price		
12	})		
13			
14	df.to_excel('pchome24.xlsx', sheet_name='sheet1', columns=['編號', '品名', '商品連結', '價格'])		
15			

在 Save2Excel（products）函式的第 1 行中，使用參數（products）來接收原呼叫程式（主程式 main()）所傳過來的 products_list 串列變數（所有商品之詳細資料所構成的串列）。然後取得每個商品之詳細資料，依分項資料（編號、品名、商品連結與價格）分別儲存於 product_no、product、product_link 與 price 等四個串列變數中（第 2 行至第 5 行）。這些分項資料值，以 2D 的構造來看，就是「列」的概念。接下來，於第 8 行至第 11 行中，以字典的型態爲這些屬列的

分項資料值，建構其欄位名稱，此欄位名稱在字典中即是「鍵」的意思。如此，即可建構起字典的鍵值對（鍵為欄位名稱，值為分項資料值），也就是完成了 2D 資料結構的建置。在此，讀者應了解字典的鍵即是行（欄位名稱），而字典的值就是列。建立好各種分項資料的鍵值對後，於第 7 行將其轉換為 DataFrame 數據結構，並存入 df 變數中。

最後，利用「DataFrame.to_excel()」方法，將 df 變數的資料儲存入「pchome24.xlsx」這個 Excel 檔案中。「DataFrame.to_excel()」方法的語法如下：

語法	DataFrame.to_excel('檔案名稱', sheet_name='活頁簿名稱', columns=[欄位名稱])

語法中，活頁簿名稱可以設定成「sheet1」或「sheet2」或「sheet3」等，較無限制。而當具有多個欄位時，各欄位名稱必須以半形的「,」隔開，即一個欄位就是 columns 變數的一個串列元素之意。善用「DataFrame.to_excel()」方法，就可輕易的將所爬取的商品資料儲存為 Excel 檔案，如圖 11-4。

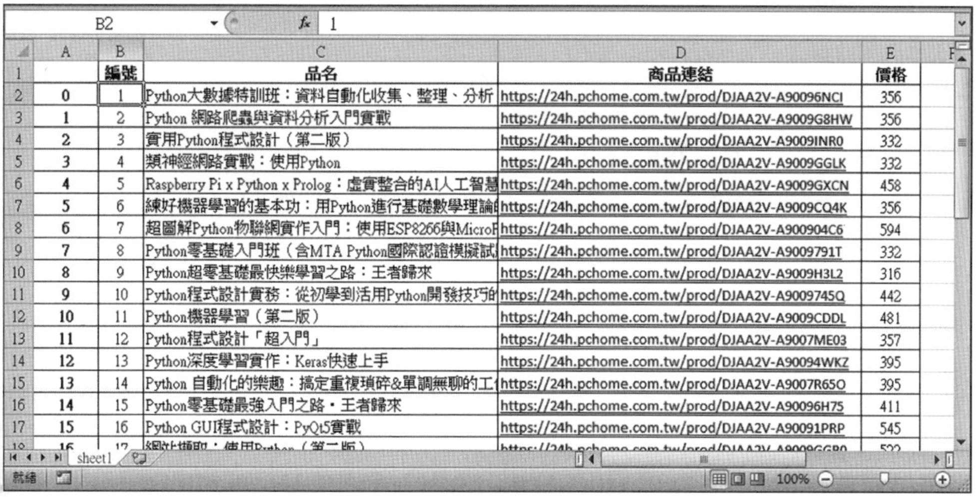

	編號	品名	商品連結	價格
0	1	Python大數據特訓班：資料自動化收集、整理、分析	https://24h.pchome.com.tw/prod/DJAA2V-A90096NCI	356
1	2	Python 網路爬蟲與資料分析入門實戰	https://24h.pchome.com.tw/prod/DJAA2V-A9009G8HW	356
2	3	實用Python程式設計（第二版）	https://24h.pchome.com.tw/prod/DJAA2V-A9009INR0	332
3	4	類神經網路實戰：使用Python	https://24h.pchome.com.tw/prod/DJAA2V-A9009GGLK	332
4	5	Raspberry Pi x Python x Prolog：虛實整合的AI人工智慧	https://24h.pchome.com.tw/prod/DJAA2V-A9009GXCN	458
5	6	練好機器學習的基本功：用Python進行基礎數學理論	https://24h.pchome.com.tw/prod/DJAA2V-A9009CQ4K	356
6	7	超圖解Python物聯網實作入門：使用ESP8266與MicroP	https://24h.pchome.com.tw/prod/DJAA2V-A900904C6	594
7	8	Python零基礎入門班（含MTA Python國際認證模擬試	https://24h.pchome.com.tw/prod/DJAA2V-A9009791T	332
8	9	Python超零基礎最快樂學習之路：王者歸來	https://24h.pchome.com.tw/prod/DJAA2V-A9009H3L2	316
9	10	Python程式設計實務：從初學到活用Python開發技巧的	https://24h.pchome.com.tw/prod/DJAA2V-A9009745Q	442
10	11	Python機器學習（第二版）	https://24h.pchome.com.tw/prod/DJAA2V-A9009CDDL	481
11	12	Python程式設計「超入門」	https://24h.pchome.com.tw/prod/DJAA2V-A9007ME03	357
12	13	Python深度學習實作：Keras快速上手	https://24h.pchome.com.tw/prod/DJAA2V-A90094WKZ	395
13	14	Python 自動化的樂趣：搞定重複瑣碎&單調無聊的工作	https://24h.pchome.com.tw/prod/DJAA2V-A9007R65O	395
14	15	Python零基礎最強入門之路・王者歸來	https://24h.pchome.com.tw/prod/DJAA2V-A90096H75	411
15	16	Python GUI程式設計：PyQt5實戰	https://24h.pchome.com.tw/prod/DJAA2V-A90091PRP	545

圖 11-4　所有商品之詳細資料，皆已存入「pchome24.xlsx」中

11-6　建立主程式

　　介紹完爬取「PChome 24h 購物」網站之商品資料的各種函式功能後，我們再來詳細說明主程式「main()」的程式碼。通常編寫程式碼的過程中，主程式的某些程式碼，雖然會先於各類自訂函式來編寫。但是為了能結構化的講解爬蟲程式，本書留到最後階段再來進行說明，希望讀者能理解這是本書對於每個實作範例的講解方式。

　　首先，請讀者於「Visual Studio Code」中開啟程式檔「ex11-1.py」。在「ex11-1.py」程式碼的最下方，有一段程式碼：

```
if __name__ == '__main__':
    main()
```

　　相信，不少初學者在學習 Python 的過程中，常不可避免的總會遇到上述的程式碼，但也總是不太清楚其意義。我們來詳細的解釋它的意義吧！

　　在 Python 的每個模組（即每個 Python 檔案，例如：A.py）中，都會包含預設的特殊變數「__name__」，變數「__name__」的值取決於您如何應用該模組，其預設值為「__main__」。也就是說，當該模組（A.py）被直接執行時，變數「__name__」的值會等於預設值為「__main__」。

　　但是，如果該模組（A.py）被 import 到其它模組（例如：B.py）中時，則 A.py 中變數「__name__」的值將會只等於其模組名稱（即「A」，不帶路徑或者副檔名「.py」）。

　　在這樣的概念下，不難理解當模組（A.py）被直接執行時，其「__name__」值為「__main__」，因此「if __name__ == '__main__'」的結果就為真，此時就會呼叫主程式 main()。

　　而當模組（A.py）被 import 到其它模組（B.py）中時，其「__name__」值為「A」，此時「A」不等於「__main__」，於是「if __name__ == '__main__'」

的結果爲假，被 import 的 A.py 就不會呼叫其主程式 main() 了，當然 B.py 中也不會調用到 A.py 的 main()。也就是說，於 B.py 內 import 模組 A 的過程中，A.py 的主程式 main()，永遠不會被執行，但 B.py 內可調用 A.py 中除了 main() 之外的其它所有函式。

　　所以，結論是模組中寫於「if __name__ == '__main__'」內的函式（通常命名爲 main()），只有當該模組被直接執行時，才會被調用。而當模組是被其它模組 import 時，其模組內的 main() 函式，就永遠不會被任何模組所調用。

　　有了上述的詳細說明後，我們就來看看「ex11-1.py」之主程式 main() 的程式碼。

表 11-5　main() 函式

程式檔	ex11-1.py	函式	main()
1	import time		
2	import requests		
3	from pandas import DataFrame		
4	import json		
5			
6	def main():		
7	print('\n===============程式開始====================\n')		
8	keyword=input('請輸入欲查詢之商品的關鍵字... ：')		
9			
10	url = 'https://ecshweb.pchome.com.tw/search/v3.3/all/results'		
11	data = Get_PageContent(url, keyword, 1)		
12			
13	total_page_num = int(int(data['totalRows'])/20)+1		

14	print('\n查詢結果約有 {} 頁，共{}筆資料。'.format(total_page_num, int(data['totalRows'])))
15	
16	page_want_to_crawl = input('一頁有20筆，請問你要爬取多少頁？')
17	if page_want_to_crawl == '' or not page_want_to_crawl.isdigit() or int(page_want_to_crawl) <= 0:
18	print('\n頁數輸入錯誤，離開程式')
19	print('\n=====程式結束=====\n')
20	else:
21	page_want_to_crawl = min(int(page_want_to_crawl), int(total_page_num))
22	
23	print('\n計算中，請稍候……')
24	start = time.time()
25	.
26	products = Parse_Get_MetaData(url, keyword, page_want_to_crawl)
27	print('\n已取得所需商品，執行時間共 {} 秒。'.format(time.time()-start))
28	Save2Excel(products)
29	print('\n====資料已順利取得，並已存入pchome24.xlsx中====\n')
30	
31	
32	if __name__ == '__main__':
33	main()
34	

在「ex11-1.py」中，首先匯入了 time、requests、pandas 的 DataFrame 與 json 等四個模組，time 模組將用於在程式碼的第 24 行與第 27 行，以計算程式的執行時間。requests 模組用於向伺服器發出請求，以取得搜尋結果資料。pandas

的 DataFrame 模組用於建構 2D 資料型態，以利於將所搜尋出的所有商品資料儲存於 Excel 檔案中。由於，伺服器所傳回的搜尋結果，屬 json 的字串型態，故須利用 json 模組將所搜尋出的商品資料轉換成 Python 可讀取的字典物件，以利於萃取商品資訊。也由於搜尋結果是以 json 的字串型態傳回，故本範例將不會用到常見的 BeautifulSoup 模組來解析搜尋結果。

　　而在「ex11-1.py」的最下端有「if __name__ == '__main__'」的程式碼（如表 11-5 的第 32、33 行）。由於，我們將直接執行「ex11-1.py」，所以「__name__」值為預設值「__main__」，因此「if __name__ == '__main__'」的結果就為真，此時就會呼叫主程式 main()（第 6 至 29 行）。

　　在 main() 函式中的第 8 行，首先要求使用者輸入欲查詢之商品的關鍵字（keyword），然後根據 PChome 24 小時購物網站的商品搜尋網址、關鍵字，與傳回第 1 頁為參數，調用 Get_PageContent(url, keyword, 1) 函式，其目的在於先取得所搜尋出之商品的總個數與總頁數。根據表 11-5 的執行結果，可發現鍵「'totalRows'」的值即為商品的總個數，由於每頁 20 筆，據此即可算出總頁數（如第 13 行至第 14 行）。

　　得知搜尋商品的總頁數後，使用者可依自己的需求，輸入欲爬取的商品頁數（變數 page_want_to_crawl，第 16 行）。判斷所輸入的頁數正確（第 17 至 21 行）後，透過調用「Parse_Get_MetaData()」函式（第 26 行）取得所有商品資訊。再調用「Save2Excel()」函式（第 28 行），即可將所有的商品資料，儲存至「pchome24.xlsx」中。至此，程式結束，並計算程式的總執行時間（第 27 行）。讀者可嘗試利用 Excel 軟體開啟「pchome24.xlsx」，即可看到如圖 11-4 的執行結果。

Chapter

12

爬取「Google 學術搜尋」的論文資料

　　Google Scholar（Google 學術搜尋，簡稱 GS）是一個可以免費搜尋學術性作品的網路搜尋引擎，能夠幫助使用者尋找包括期刊論文、學位論文、書籍、預印本、文摘和技術報告在內的學術文獻，內容涵蓋自然科學、人文科學、社會科學等多種學科。它是個研究者進行學術研究的過程中，不可或缺的線上圖書資訊館。

　　在本節的爬蟲範例中，我們將嘗試藉由關鍵字的輸入，來爬取 Google 學術搜尋裡所存在的相關論文，以便利於研究過程中，對有興趣之議題的文獻探討。這個爬蟲程式與第 11 章的爬蟲範例之差異在於：

1. 網頁技術不同，Google 學術搜尋只使用了 Page-Render 技術，而不使用 Ajax。
2. 提出 HTTP 需求時，requests 方法使用了 headers 參數。
3. 由於網頁使用 Page-Render 技術，故於萃取、解析回傳頁面時，將使用到 BeautifulSoup 模組。

接下來，我們就來詳細講解「Google 學術搜尋」之爬蟲程式的開發過程吧！

12-1　確認標的網站的 URL 網址

　　先利用 Chrome 瀏覽器，在「Google 學術搜尋」網站中，輸入有興趣之議題的關鍵字，開始搜尋相關論文，以找出搜尋論文時的網頁連結路徑。例如：於「Google 學術搜尋」的主網頁中，輸入搜尋關鍵字「job crafting」。如圖 12-1 所示。

圖 12-1 Google 學術搜尋之搜尋結果頁面

　　待出現第一頁的搜尋結果頁面時，按鍵盤的「F12」鍵，以開啓 Chrome 開發者工具。在 Chrome 開發者工具中選擇「Network\All」分頁，先按 ⊘ 鈕以清空「All」頁籤中的所有文件，然後按鍵盤的「F5」鍵，以重新載入第一頁的搜尋結果頁面。注意觀察，在「All」分頁中所載入的第一個文件，就是搜尋結果頁面。點選該文件後，可在其「Headers」分頁之「General」項目中，看到連結網址爲：

https://scholar.google.com.tw/scholar? hl=zh-TW&as_sdt=0,5&q=job+crafting&btnG=

且使用的方法爲 GET，並使用「Query String Parameters」（上述網址中，具白色網底的文字）的方式來傳遞表單參數。如圖 12-2。

在第 11 章的爬蟲範例中，對於「Query String Parameters」，我們是以 requests 方法傳遞 params 參數的方式來進行處理。在此爲了程式處理方便，我們將把「Query String Parameters」直接連接於網址中，這樣將來使用 requests 方法時，就不用再傳遞 params 參數了。

從上述網址中可發現「Query String Parameters」的值（白色網底部分）爲「hl=zh-TW&as_sdt=0,5&q=job+crafting&btnG=」，由於「hl=zh-TW」、「&as_sdt=0,5」、「&btnG=」與「&q=」等字串屬常數，恆久不變，故編寫程式碼時，可直接連接於基底網址「https://scholar.google.com.tw/scholar?」之後，然由於使用者所輸入的關鍵字是個變數，這個變數將命名爲「keyword」。於是，程式中的標的網站網址，將變成如下的型態（但由於「&btnG=」值爲空，故將予以省略）：

```
url='https://scholar.google.com/scholar?hl=zh-TW&as_sdt=0,5& q=' + keyword
```

圖 12-2 找出標的網站的正確 URL 網址

12-2 送出 HTTP 請求，取得搜尋結果頁面資料

確認出正確的 URL 網址後，即可使用「requests」方法向伺服器送出 HTTP 請求，以獲取搜尋結果的頁面資料。基本上，送出請求的方式與表 11-1 中的程式碼相當類似，如表 12-1 所示。

表 12-1 Get_PageContent() 函式與回傳結果

程式檔	ex12-1.py		函式	Get_PageContent(url)
1	def Get_PageContent(url):			
2	header_dict={'User-Agent': 'Mozilla/5.0(Linux; Android 6.0; Nexus 5 Build/MRA58N) AppleWebKit/537.36(KHTML, like Gecko) Chrome/70.0.3538.77 Mobile Safari/537.36'}			
3				
4	res = requests.get(url=url, headers=header_dict)			
5	content = BeautifulSoup(res.text, 'lxml')			
6	# print(content.prettify())			
7				
8	return content			
執行結果				
1	若搜尋關鍵字「job crafting」，並print(content.prettify())時，結果如下： <!DOCTYPE html> \<html\> 　\<head\> 　 \<title\> 　　 Google 學術搜尋 　 \</title\> (以下略)			

　　在「Get_PageContent(url)」這個函式中，接收了主程式傳來的 url 後，使用「requests」的 get 方法向伺服器送出 HTTP 請求。經測試，傳送時須攜帶「headers」參數，否則無法傳回正確資料。由圖 12-2 中，可以發現「Request Headers」項目下的標頭參數相當多，當然最保險的方式就是將「Request Headers」項目下所有的標頭參數，全部予以採用而改編成字典後，存入第 2 行的「header_dict」變數中。但是，這樣程式碼會變得長又雜亂，經數次測試後，其實只要「User-Agent」這個標頭，就可順利讓伺服器回傳結果頁面。故在上述程式碼中，第 2 行的「header_dict」變數只設定為字典型態的「User-Agent」標頭，就可以了。

　　身為爬蟲工作者，對某些執行結果應當要有些敏感度。當爬蟲程式得不到伺服器的回應時，應該要馬上想到可能是傳遞參數的問題。而在所有傳遞參數的問題當中，「headers」參數是首要考量。在從事爬蟲工作的過程中，不難發現，有些網站並不喜歡被爬蟲程式訪問，所以這些網站會將「非人為點擊」（非透過瀏覽器）的訪問拒之於門外。在這種情形下，為了能讓爬蟲程式可以正常運行，處置方式當然就是要去隱藏自己的爬蟲程式身分，以騙過網站伺服器。

　　故實務性的解決方法是，在送出請求時，可以透過 headers 參數，偽裝我們的「User-Agent」是某種瀏覽器。簡單的說，「User-Agent」就是使用者端瀏覽器所使用的一種特殊的網路通訊協定，在每次瀏覽器進行 HTTP 請求時，會將「所使用的瀏覽器訊息」發送到伺服器端，伺服器就知道了使用者是使用何種瀏覽器來進行訪問的。因此，當於爬蟲程式中，透過 headers 參數設定「User-Agent」時，伺服器就會誤判這次的請求是來自瀏覽器（第 2 行中，即設定瀏覽器為 Chrome）而不是爬蟲。所以，有時候為了達到一些目的，我們也不得不去善意的欺騙伺服器呀！

　　「requests.get()」有了 url 和 headers 參數後，發出請求，即可傳回結果頁面的 HTML 原始碼（第 4 行）。然後再於第 5 行中，利用 BeautifulSoup 物件解析成各種標籤（Tag）物件（DOM 文件樹），未來就可再利用 BeautifulSoup 物件

所提供的各種方法與字串操作技術，萃取出所需資料。

第 6 行的「print(content.prettify())」目前雖予以加「#」號，不執行。但這是一個好用的程式碼，利用它可以輸出排版整齊的 HTML 原始碼，甚至可將這些原始碼複製起來，然後貼到線上軟體「Live DOM Viewer」中，就可轉化成 DOM 文件樹，這樣將來利用 BeautifulSoup 物件萃取資料時，就會變得相當方便。

「Get_PageContent(url)」函式順利執行後，將回傳搜尋結果頁面的 BeautifulSoup 物件（content 變數）給原呼叫程式 main()。

12-3　取得各分頁的連結 url

前一節中，使用「Get_PageContent(url)」函式所傳回的內容，只是代表搜尋結果的第一頁資料而已。若使用瀏覽器來觀看 Google Scholar 的搜尋結果頁面時，就可發現，每個分頁中都會包含 10 筆搜尋出的論文資料。且第 2 頁之後，其網址變化如下：

第 2 頁：https://scholar.google.com.tw/scholar?start=10&q=job+crafting&hl=zh-TW&as_sdt=0,5

第 3 頁：https://scholar.google.com.tw/scholar?start=20&q=job+crafting&hl=zh-TW&as_sdt=0,5

第 4 頁：https://scholar.google.com.tw/scholar?start=30&q=job+crafting&hl=zh-TW&as_sdt=0,5

從上述的分頁網址中，對比於第 12-1 節中我們所確認出的網站網址：

```
url='https://scholar.google.com/scholar?hl=zh-TW&as_sdt=0,5& q='+keyword
```

不難發現，分頁網址只是在「Query String Parameters」中再加入代表分頁的「start=10」（表第 2 頁）、「start=20」（表第 3 頁）、「start=30」（表第 4 頁）

而已。故可推論，分頁網址的通用格式應為：

```
url='https://scholar.google.com/scholar?hl=zh-TW&as_sdt=0,5& q='+keyword+'&start=' +
10*(頁碼-1)
```

基於以上說明，取得各分頁的連結的函式，就可如表 12-2 所示：

表 12-2　Get_pages_link() 函式程式碼

程式檔	ex12-1.py		函式	Get_pages_link(url, page_want_to_crawl)
1	def Get_pages_link(url, page_want_to_crawl):			
2	pages_link = list()			
3	for i in range(0, int(page_want_to_crawl)*10, 10):			
4	link = url + '&start=' + str(i)			
5	pages_link.append(link)			
6				
7	return pages_link			
8				

函式「Get_pages_link()」接收了主程式（第 12-7 節的 main() 函式）所傳來的 url 和 page_want_to_crawl 等兩個參數，url 為網站之搜尋關鍵字網址（'https://scholar.google.com/scholar?hl=zh-TW&as_sdt=0,5&q='+keyword），而 page_want_to_crawl 則為在主程式中，由使用者所輸入的「欲爬取頁數」。

首先，在第 3 行的 for 這個計數迴圈中，設定計數器從 0 開始起跳，每次跳 10，直到「int(page_want_to_crawl)*10」後停止。例如：使用者所輸入的「欲爬取頁數」為 3 頁時，則 page_want_to_crawl=3，所以第 3 行的程式碼「for i in range(0, int(page_want_to_crawl)*10, 10):」，就變成「for i in range(0, 3*10,

10):」，這樣 i 的值就會以 0、10、20 的順序變化，而這正代表著第 1 頁、第 2 頁、第 3 頁的起始編號。

接著在第 4 行中，由原始的搜尋網址 url，再組合代表分頁的「'&start='」與計數值（i），這樣就可求算出各個分頁的連結網址了。然後，於第 5 行，再將各分頁的網址依序存入「pages_link」串列中，因此「pages_link」串列每一個元素即代表著一個分頁。最後將「pages_link」回傳給主程式。

取得這些分頁的連結後，將來爬蟲程式就可根據各分頁的連結，而找出分頁內所包含的論文，最後再彙整各分頁的論文，就可完成爬蟲任務了。

12-4 解析分頁資料，獲取分頁內的論文資料

獲得各分頁之連結網址後，只要再將分頁網址傳入「Get_PageContent()」函式中，就可獲得包含該分頁 10 筆論文資料的 BeautifulSoup 物件。這時，只要再利用 BeautifulSoup 物件所提供的各種方法與字串操作技術，即可萃取出該分頁中的 10 筆論文資料了。具有上述功能的程式碼，將編成自訂函式「Parse_Get_MetaData( )」，其程式碼如表 12-3 所示：

表 12-3　Parse_Get_MetaData() 函式

程式檔	ex12-1.py		函式	Parse_Get_MetaData(page_link)
1	def Parse_Get_MetaData(page_link):			
2	soup = Get_PageContent(page_link)			
3	#	print(soup.prettify())		
4				
5	page_articles = list()			
6	for item in soup.select(' div. gs_r.gs_or.gs_scl '):			
7	if item.select('div.gs_or_ggsm > a'):			

8	source_type = item.select('div.gs_or_ggsm > a')[0].text
9	download_link = item.select('div.gs_or_ggsm > a')[0].get('href')
10	else:
11	source_type ='No PDF OR HTML'
12	download_link ='NO LINK'
13	
14	journal_year = item.select('div.gs_a')[0].text
15	shift_1 = '-'
16	shift_2 = ','
17	journal_year = journal_year[journal_year.find(shift_1)+2:]
18	journal = journal_year[:journal_year.find(shift_2)]
19	year = [int(s) for s in journal_year.split() if s.isdigit()][0]
20	
21	page_articles.append({ 　　　　'標題':item.select('h3.gs_rt')[0].text, 　　　　'期刊':journal, 　　　　'年分':year, 　　　　'簡介':item.select('div.gs_rs')[0].text if item.select('div.gs_rs') else '', 　　　　'網址':item.select('h3.gs_rt > a')[0].get('href') if item.select('h3.gs_rt 　　　　　　> a') else '', 　　　　'下載檔案類型':source_type, 　　　　'下載之連結':download_link 　　　　})
22	
23	return page_articles

在「Parse_Get_MetaData(page_link)」函式中，由呼叫程式所傳來了分頁網址（page_link 變數）後，隨即調用「Get_PageContent(page_link)」函式，以取得各分頁的 BeautifulSoup 物件（DOM 文件樹）。接著，在第 3 行中的「print(soup.

prettify())」目前雖予以加「#」號,不執行。但這是一個好用的程式碼,我們可以利用「print(soup.prettify())」而印出搜尋結果頁面之排版後的 HTML 原始碼,這樣將有助於我們對該 HTML 原始碼的解析。

　　但是,在 Visual Studio Code 中觀察 HTML 原始碼的內容並不方便,因此,我們將第 12-2 節中,獲取 HTML 原始碼之 Get_PageContent(url) 函式的程式碼,複製到 Jupyter Notebook 中來進行測試,但 url 要改為本小節的 page_link(例如:第 1 頁的連結網址)。經測試後,所獲得的 HTML 原始碼之內容,如圖 12-3 所示。

圖 12-3　搜尋結果第 1 頁的 HTML 原始碼

　　接著,我們可以將這些原始碼複製起來,然後貼到線上軟體「Live DOM Viewer」中,就可轉化成 DOM 文件樹,這樣將來利用 BeautifulSoup 萃取資料時就會變得相當方便。有時,當你把 HTML 原始碼貼到「Live DOM Viewer」

時，並不會產生 DOM 文件樹，這時只要於 HTML 原始碼中，把含有 <head> 與
</head> 標籤間的 Tag 區塊全部予以刪除，當可順利地顯示出 DOM 文件樹（如
圖 12-4）。轉換成 DOM 文件樹的過程，另可參閱第 8 章、圖 8-7 中的 QR Code
影音檔。

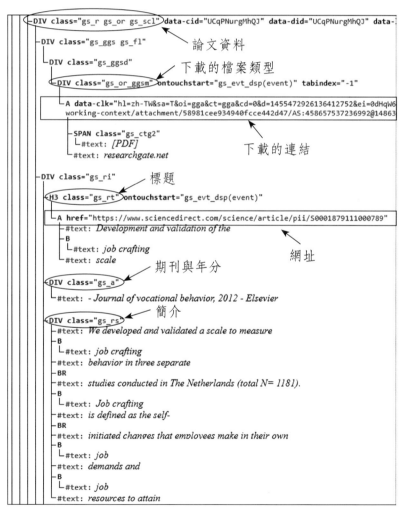

圖 12-4　DOM 文件樹（部分）

接下來，我們就要來爬取分頁中，所包含之論文詳細資料了。首先觀察於「Live DOM Viewer」中所產生的 DOM 文件樹（如圖 12-4），再對照以瀏覽器進行搜尋的結果畫面（如圖 12-1），可發現每篇論文都會包含在「DIV class="gs_r gs_or gs_scl"」標籤下，此標籤的 class 以空格分離了三段片語，即 gs_r、gs_or、gs_scl。在此情形下，但若要使用「soup.select('div.gs_r gs_or gs_scl')」搜尋時，將無法搜尋。應修正為「soup.select('div. gs_r.gs_or.gs_scl')」（各片語間加「.」），即可搜尋到論文的所有詳細資料（程式第 6 行）。

論文的所有詳細資料共有 7 個欄位，分別為標題、期刊、年分、簡介、網址、下載檔案類型與下載之連結。各欄位之獲取方式說明如下：

1. 標題：在「div. gs_r.gs_or.gs_scl」之下的「h3.gs_rt」Tag 區塊中。因此萃取時，使用「item.select('h3.gs_rt')[0].text」（第 21 行）。由於 select 方法會傳回串列，因此所篩選出的第一個「h3.gs_rt」Tag 區塊（索引值為 0）就會包含我們所要的標題資料，再使用「.text」就可取出標題了（如圖 12-4）。

2. 期刊：在「div. gs_r.gs_or.gs_scl」之下的「div.gs_a」Tag 區塊中。因此萃取時，使用「item.select('div.gs_a')[0].text」（第 14 行）。但是，此時取出的字串（journal_year）中同時包含了「期刊」（journal）與「年分」（year）的資料。因此，於第 17 行至第 19 行中運用字串操作技術予以分離。分離出「期刊」時，以「_」和「,」做定位而得到「期刊」的值。而取出「年分」時，我們使用了一個較特殊的程式碼：

   year = [int(s) for s in journal_year.split() if s.isdigit()][0]

   此程式碼的意思是：如果字串 s 是數字的話，就從字串 journal_year 中抽離（split），然後把它變為整數型態後，放入串列中。由於只有一個數字，因此串列將只有一個元素，所以取出的第一個數字就是「年分」的值了。

3. 年分：在「div. gs_r.gs_or.gs_scl」之下的「div.gs_a」Tag 區塊中。說明如

「2. 期刊」。

4. 簡介：在「div. gs_r.gs_or.gs_scl」之下的「div.gs_rs」Tag 區塊中。萃取時，
使用了下列程式碼：

item.select('div.gs_rs')[0].text if item.select('div.gs_rs') else ''

此程式碼的意思是：如果「item.select('div.gs_rs')」有找到的話，那麼「簡
介」的值就等於「item.select('div.gs_rs')[0]」；沒找到的話，「簡介」的
值就等於空字串。

5. 網址：在「div. gs_r.gs_or.gs_scl」之下的「h3.gs_rt > a」Tag 區塊中。萃
取時，使用了與「4. 簡介」類似的程式碼，應不難理解。

6. 下載檔案類型：於在「div. gs_r.gs_or.gs_scl」之下的「div.gs_or_ggsm > a」
Tag 區塊中。萃取時，使用「item.select('div.gs_or_ggsm > a')[0].text」的方
式，其手法與「1. 標題」類似。

7. 下載之連結：於在「div. gs_r.gs_or.gs_scl」之下的「div.gs_or_ggsm
> a」Tag 區塊中。萃取時，使用「item.select('div.gs_or_ggsm > a')[0].
get('href')」的方式，其手法亦與「1. 標題」類似。

　　至此，我們已能解析、萃取出論文的所有詳細資訊了。有了 DOM 文件樹的
輔助，確實可以很快地找到各項資訊所屬的區塊。讀者應不難理解，從第 6 行至
第 19 行，都是在使用 BeautifulSoup 物件的 select、find 等方法與各種字串操作
技術來萃取出論文的各項資訊，而第 6 行的 for 迴圈就是從該分頁中，取出所有
論文資料（共 10 篇）的遞迴過程而已，這過程又稱為遍歷。待取出所有論文之
詳細資料後，再以「page_articles」串列來儲存該分頁的 10 筆論文（程式第 21
行），須特別理解的是，「page_articles」串列中每一個元素都是一個字典，一
個字典就是代表一筆論文資料的意思。

12-5　彙總所有分頁的論文資料

在第 12-4 節中，由「Parse_Get_MetaData(page_link)」函式可獲取各分頁中的論文資料。所以，如果能將各分頁中的論文資料彙總起來，那麼就完成爬蟲任務了。故必須再製作一個具有彙總能力的函式，這個函式的名稱爲 Get_Articles()，其程式碼如表 12-4 所示。

表 12-4　Get_Articles() 函式

程式檔	ex12-1.py	函式	Get_Articles(pages_link)
1	def Get_Articles(pages_link):		
2	pages_articles_list = list()		
3	for link in pages_link:	# 彙整各分頁的資料	
4	pages_articles_list.append(Parse_Get_MetaData(link))		
5			
6	all_articles_list = list()		
7	for each_page in pages_articles_list:	# 取出各分頁的資料	
8	for each_article in each_page:	# 取出該分頁中的每篇論文	
9	all_articles_list.append(each_article)		
10			
11	return all_articles_list		
12			

在「Get_Articles()」函式中，由呼叫程式傳入了 pages_link（各分頁的連結網址）後，隨後即逐頁的呼叫「Parse_Get_MetaData(link)」函式，以找出各個分頁中所包含的 10 筆論文資料，並將各分頁的論文資料，依頁次順序存入 pages_articles_list 串列中（第 2 行至第 4 行）。pages_articles_list 串列中的每一個元素，即爲各分頁的 10 筆論文資料。

接著，利用外層 for 迴圈遍歷 pages_articles_list 串列的所有分頁，再利用內層迴圈遍歷每個分頁中的論文資料，然後一一的存入 all_articles_list 串列中，這樣就完成爬取所需論文資料的任務了（第 6 行至第 9 行）。

12-6　將論文詳細資料，存入 Excel 檔案中

至此，所有爬取的論文資料皆已彙總完畢，並已存入 all_articles_list 串列中。接下來，為利於資料分析或檢索，將把 all_articles_list 串列中的所有論文資料轉存入 Excel 檔案（articles.xlsx）中。將串列資料轉存 Excel 檔的方法已於第 11-5 節中做過詳細說明，在此不再贅述。其程式碼如表 12-5 所示。

表 12-5　Save2Excel() 函式

程式檔	ex12-1.py	函式	Save2Excel(articles)
1	def Save2Excel(articles):		
2	titles = [entry['標題'] for entry in articles]		
3	journals = [entry['期刊'] for entry in articles]		
4	years = [entry['年分'] for entry in articles]		
5	details = [entry['簡介'] for entry in articles]		
6	links = [entry['網址'] for entry in articles]		
7	types = [entry['下載檔案類型'] for entry in articles]		
8	dlinks = [entry['下載之連結'] for entry in articles]		
9			
10	df = DataFrame({ 　　'標題':titles, 　　'期刊':journals, 　　'年分':years, 　　'簡介':details, 　　'網址':links, 　　'下載檔案類型':types, 　　'下載之連結':dlinks 　　})		

11	
12	df.to_excel('articles.xlsx', sheet_name='sheet1', columns=['標題', '期刊', '年分', '簡介', '網址', '下載檔案類型', '下載之連結'])

12-7 建立主程式

介紹完爬取「Google 學術搜尋」網站之各種函式功能後，我們再來詳細說明主程式「main()」的程式碼。通常編寫程式碼的過程中，主程式的某些程式碼，雖然會先於各類自訂函式來編寫。但是為了能結構化的講解爬蟲程式，本書留到最後階段再來進行說明，希望讀者能理解這是本書對於每個實作範例的講解方式。

本節中的主程式內容也和第 11-6 節類似。這也是一種編寫程式的風格吧！其程式碼如表 12-6 所示。

表 12-6 main() 函式

程式檔	ex12-1.py		函式	main()
1	import requests			
2	from bs4 import BeautifulSoup			
3	from pandas import DataFrame			
4	import time			
5				
6	def main():			
7	print('\n===============程式開始=====================\n')			
8	keyword=input('請輸入欲查詢的關鍵字... ：')			
9	url='https://scholar.google.com/scholar?hl=zh-TW&as_sdt=0,5&q='+keyword			

10	
11	soup = Get_PageContent(url)
12	tot_articles_str = soup.select('div#gs_ab_md > div.gs_ab_mdw')[0].text.replace(',', '')
13	tot_articles = [int(s) for s in tot_articles_str.split() if s.isdigit()][0]
14	total_page_num = int(int(tot_articles)/10)+1
15	
16	print('\n查詢結果約有 {} 頁相關論文。'.format(total_page_num))
17	page_want_to_crawl = input('一頁有10篇論文，請問你要爬取多少頁？')
18	
19	if page_want_to_crawl == '' or not page_want_to_crawl.isdigit() or int(page_want_to_crawl) <= 0:
20	print('\n所欲爬取的頁數輸入錯誤，離開程式。。。。。。')
21	print('\n===============程式結束=====================\n')
22	else:
23	page_want_to_crawl = min(int(page_want_to_crawl), total_page_num)
24	pages_link = Get_pages_link(url, page_want_to_crawl)　　# 取得各分頁的連結
25	
26	print('\n計算中，請稍候。。。。。')
27	start = time.time()
28	
29	articles = Get_Articles(pages_link)　　　　# 取得所有的論文資料
30	print('\n已取得所需論文，執行時間共 {} 秒。'.format(time.time()-start))
31	
32	Save2Excel(articles)
33	print('\n====資料已順利取得，並已存入articles.xlsx中====\n')

在「main()」的第 8 行中，可輸入欲搜尋論文之關鍵字，隨即根據關鍵字內容建構出正確的搜尋網址 url。接著，呼叫「Get_PageContent(url)」函式，以傳回搜尋結果之第 1 頁資料。然後於第一分頁的原始碼中搜尋「div#gs_ab_md > div.gs_ab_mdw」Tag 區塊，以找出搜尋結果的總筆數（第 11 行至第 14 行）。由於一頁會有 10 筆論文資料，當可換算出總頁數（total_page_num）。

此外，本爬蟲程式也允許使用者輸入所欲爬取的頁數（page_want_to_crawl），待輸入完成並無誤後，即於第 24 行呼叫 Get_pages_link(url, page_want_to_crawl）以求出各分頁的網址。接著，呼叫「Get_Articles(pages_link)」函式（第 29 行）以獲得包含所有論文資料的「articles」串列。最後再將「articles」串列存入 Excel 檔案（articles.xlsx）中，即可完成爬蟲任務。

12-8 執行爬蟲程式

完成爬蟲任務後，接下來就可執行看看了。在「Visual Studio Code」的「powershell」終端機中，於「PS D:\py_example\ch12>」之後，輸入「python ex12-1.py」，就可執行爬蟲程式了。

但執行後，卻發現出現了一個警告訊息，即「link or location/anchor > 255 characters since it exceeds Excel's limit for URLS」，導致 articles.xlsx 檔案中「下載之連結」欄位的某些儲存格為空白，如圖 12-5。

	A	B	C	D	E	F	G	H
1		標題	期刊	年份	簡介	網址	下載檔案類型	下載之連結
2	0	Development and validation of the job	Journal of vocational behavior	2012	We developed and val	https://www.scien	[PDF] researchgate.net	https://www.researchgate.net/profile/Maria_Tims2/publi
3	1	The impact of job crafting on job dema	Journal of occupational health	2013	This longitudinal stud	http://psycnet.apa	[PDF] researchgate.net	NO LINK
4	2	Job crafting: Towards a new model of i	SA Journal of Industrial Psych	2010	ABSTRACT ORIEN	http://www.scielo	[HTML] scielo.org.za	https://www.scielo.org.za/scielo.php?pid=S2071-076320100
5	3	Proactive personality and job performa	Human relations	2012	The article examines t	http://journals.sag	[PDF] isonderhouden.nl	https://www.isonderhouden.nl/doc/pdf/arnoldbakker/art
6	4	Crafting a job on a daily basis: Context	Journal of···	2012	This study focused on	https://sigmapubs	[PDF] core.ac.uk	https://core.ac.uk/download/pdf/34626833.pdf
7	5	Perceiving and responding to challenge	Journal of Organizational···	2010	We utilize a qualitativ	https://onlinelibra	[PDF] wiley.com	https://onlinelibrary.wiley.com/doi/pdf/10.1002/job.645
8	6	Work process and quality of care in ear	Academy of Management···	2009	In this study we condu	https://journals.ac	No PDF OR HTML	NO LINK
9	7	What is job crafting and why does it ma	Retrieved form the···	2008	Job crafting captures t	https://positiveorg	[PDF] umich.edu	http://positiveorgs.bus.umich.edu/wp-content/uploads/W
10	8	Job crafting and meaningful work	Purpose and meaning in the···	2013	The design of employ	https://justinmberg	[PDF] justinmberg.com	http://justinmberg.com/berg-dutton--wrzesniewski_2.pdf
11	9	Job crafting at the team and individual	Group & Organization···	2013	Previous research sugg	https://www.scien	[PDF] researchgate.net	NO LINK
12	10	Engagement and" job crafting": Engagi	2010 · psycnet.apa.or	2010	Abstract Each year, th	http://psycnet.apa	No PDF OR HTML	NO LINK
13	11	Does work engagement increase persona	Journal of Vocational Behavio	2014	Drawing on the expan	https://www.scien	[PDF] academia.edu	http://www.academia.edu/download/43901364/Does_wor
14	12	Job crafting and cultivating positive me	Advances in positive···	2013	The design of a job is	https://www.emer	[PDF] researchgate.net	https://www.researchgate.net/profile/Justin_Berg/publi
15	13	Daily job crafting and the self-efficacy	Journal of Managerial···	2014	Purpose – The purpos	https://www.emer	[PDF] vu.nl	http://dare.ubvu.vu.nl/bitstream/handle/1871/51488/Tim
16	14	Job crafting and its relationships with p	Journal of Vocational Behavio	2016	Although scholars imp	https://www.scien	[PDF] vu.nl	http://dare.ubvu.vu.nl/bitstream/handle/1871/53904/11.%
17	15	Job demands - resources theory	Wellbeing: A complete referen	2014	Jessica Van Wingerde	https://onlinelibra	No PDF OR HTML	NO LINK
18	16	Design your own job through job crafti	European Psychologist	2014	Job crafting can be vi	https://econtent.h	[PDF] tue.nl	https://research.tue.nl/files/4034865/6288279066661254.p
19	17	Shaping tasks and relationships at work	2007 · d-scholarship.pitt.ed	2007	This dissertation explo	http://d-scholarshi	[PDF] pitt.edu	http://d-scholarship.pitt.edu/10312/1/ghitulescube_etd.p
20	18	Job crafting and job engagement: The i	International Journal of Hospi	2014	The focus of job craft	https://www.scien	No PDF OR HTML	NO LINK
21	19	The development and validation of a jo	Work & Stress	2012	Job crafting describes	https://www.tand	[HTML] tandfonline.com	https://www.tandfonline.com/doi/full/10.1080/02678373.

| H ◀ ▶ H | sheet1 |

圖 12-5　「articles.xlsx」中，「下載之連結」欄位有遺漏值

　　這是因為目前狀態下，若儲存格的內容值屬「連結 URL」時，其字串長度不能超過 255 個字元的緣故。解決的方法是先開啓下列檔案（直接使用 Visual Studio Code 來開啓即可）：

C:\ProgramData\Anaconda3\lib\site-packages\xlsxwriter\worksheet.py

　　然後，於檔案「worksheet.py」中找到下面這段程式碼，這段程式碼限制了 Excel 儲存格之內容若爲連結的話，其最大字數不能超過 255 個字元。故只要爲這些程式碼加上「#」，備註起來，就不會再有超連結之字元數限制。

```
# Excel limits the escaped URL and location/anchor to 255 characters.
# tmp_url_str = url_str or "
# if len(url) > 255 or len(tmp_url_str) > 255:
#     warn("Ignoring URL '%s' with link or location/anchor > 255 "
#          "characters since it exceeds Excel's limit for URLS" %
#          force_unicode(url))
#     return -3
```

修改完成後，將「worksheet.py」存檔，然後再執行爬蟲程式「ex12-1.py」一次，結果發現確實不再出現警告訊息，且「articles.xlsx」中，「下載之連結」欄位也不會再有遺漏值，如圖 12-6。

圖 12-6　「articles.xlsx」中，「下載之連結」欄位不再有遺漏值

12-9　使用平行處理技術

在程式中，如果我們使用 for 迴圈來處理某些特定任務時，其處理程序就會像圖 12-7 的右邊那樣，必須等待「任務 T1」做完了，才能接著做「任務 T2」，再依序完成其它後面的任務；但是如果能像圖 12-7 的左邊那樣，讓程式能平行化同時處理五個任務，那豈不是更有效率？還好在 Python 之標準程式庫裡的 multiprocessing（多進程）模組，可以做到這樣的平行化同時處理效果，因為 multiprocessing 裡面有個叫做 Pool 的模組，能夠實現圖 12-7 左邊那樣的平行化同時處理流程。

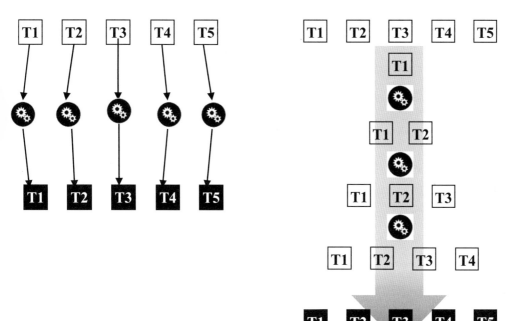

圖 12-7　程式的運作流程

　　如前所述，在 Python 中確實可以實現平行處理的功能。「multiprocessing」模組即是 Python 中可用管理多進程的模組。這功能對多核的 CPU 而言，其可有效提升系統資源的利用率。在使用 Python 進行系統管理時，特別是同時執行多個文件時，平行處理功能可以節約大量時間，如果執行的文件數目不大時，尚可使用傳統的作業方式，也不會覺得執行數度緩慢；但若須處理上百個或甚至更多的文件時，傳統的作業方式就會顯得特別繁瑣，此時運用平行處理之進程池（Pool）概念就可派上用場了了。

　　Pool 可以提供指定數量的進程供使用者調用，當有新的請求提交至 Pool 中時，若進程池尚未滿，就會建立一個新的進程來執行請求；若進程池中的進程數已經達到規定的最大數量時，則該請求就會等待，直到進程池中有進程結束，才

會再建立新的進程來執行這些請求。

在第 12-5 節中，「Get_Articles()」函式（表 12-4）的第 2 行至第 4 行所進行的處理是：由呼叫程式傳入了 pages_link（各分頁的連結網址）後，隨即利用 for 迴圈逐頁的呼叫「Parse_Get_MetaData(link)」函式，以找出各個分頁中所包含的 10 筆論文資料，並將各分頁的論文資料，依頁次順序存入 pages_articles_list 串列中。

在此，若搜尋結果的頁數很多時，由於「Parse_Get_MetaData(link)」函式會頻繁的被調用，使用 for 迴圈並沒有充分的利用到整體的系統資源。此時，就可考慮使用平行處理的進程池技術了，如表 12-7 中，「ex12-2.py」之 Get_Articles() 函式的第 10 行至第 11 行）。

表 12-7　Get_Articles() 函式

程式檔	ex12-2.py	函式	Get_Articles(pages_link)	
1	import multiprocessing			
2	from multiprocessing import Pool			
3	cpu = multiprocessing.cpu_count()			
4				
5	def Get_Articles(pages_link):			
6	pages_articles_list = list()			
7	# for link in pages_link:			
8	# pages_articles_list.append(Parse_Get_MetaData(link))			
9				
10	with Pool(cpu) as p:			
11	pages_articles_list = p.map(Parse_Get_MetaData, pages_link)			
12				
13	all_articles_list = list()			

14	for each_page in pages_articles_list:
15	for each_article in each_page:
16	all_articles_list.append(each_article)
17	
18	return all_articles_list

　　首先，於程式的宣告部分，先匯入「multiprocessing」套件，然後再匯入 Pool 物件。並於第 3 行使用「multiprocessing.cpu_count()」的方式偵測目前系統中 cpu 核的總數量，然後將此訊息存入「cpu」變數中。未來，「cpu」變數即代表著進程池中之工作進程的數量。也就是說，cpu 核數有多少個，未來就建立相同數量的工作進程之意。

　　其次，在表 12-7 的「Get_Articles()」函式中，將第 7 行與第 8 行更改爲使用平行處理技術的第 10 行與第 11 行。第 10 行中，「Pool(cpu)」定義了最大進程數就等於 cpu 核數；而「with Pool(cpu) as p」則宣告建立了 Pool（cpu）個進程，即建立了和 cpu 核數一樣多的進程數量。建立好進行後，在第 11 行中使用了「map()」這個方法，它的語法如下：

語法	map(func, iterable)

　　上述語法的意義爲：自訂一個函式（func），接著用這個函式來對一個可遞迴（iterable）之物件（通常爲串列）內的每一個元素來進行處理之意。故「pages_articles_list = p.map(Parse_Get_MetaData, pages_link)」的意義即爲：在每個進程中，都分別以 pages_link 串列中的元素來調用「Parse_Get_MetaData()」函式，最後再把各次調用所產生的結果，依序放入 pages_articles_list 串列中。

　　由上述的說明不難理解，表 12-7 的第 7 至 8 行（程式碼 ex12-1.py）與第 10

至 11 行（程式碼 ex12-2.py）的執行結果是一樣的，其差異只在前者是以傳統的 for 迴圈方式處理多次調用函式；而後者則使用了平行作業的方式。

雖然結果相同，但在這個爬蟲範例中，我們只會搜尋少數幾頁的論文資料而已，所以有趣的是：「ex12-1.py」（傳統）的執行速度比執行「ex12-2.py」（平行作業）時，快上好幾倍。例如：以爬取 3 頁的論文資料為例，「ex12-1.py」（傳統）的執行速度為 2.37 秒；而執行「ex12-2.py」（平行作業）的執行速度為 9.40 秒（會隨讀者所使用之電腦的效能而變）。

顯然，在搜尋少數頁面時，平行作業處理方式的優越性無法顯示出來。但在下一節的範例中，我們將爬取 PTT 八卦版的大量頁數網頁，這時平行作業處理方式的優越性就可展露無遺了。

12-10　有關爬取 Google 學術搜尋的結語

一般而言，Google 的網站都會設計爬取屏障，對於少量的查詢，不會有什麼阻礙；但如果要進行連續多次的查詢時，Google 就會檢測請求的來源，如果我們利用程式頻繁爬取 Google 的搜索結果，不多久 Google 就會 block 你的 IP（這就是屏障之意），並回傳錯誤訊息。這就是 Google 的反爬蟲機制。而在 Google 學術搜尋內也具有反爬蟲機制，如果你搜尋網頁時，速度太快、頻率太高，Google 學術搜尋就會懷疑你是機器人，因而會直接禁止掉（block）你的 IP 位址。所以讀者於測試自己編寫的程式時，每次執行的間隔不要太短、太密集。否則測試沒幾次，你的 IP 就會被 block 住了。

IP 被 block 時，技術上，目前可想到的最簡單解決方法，是使用 VPN（Virtual Private Network，虛擬區域網路），當被認為是機器人時，就使用 VPN 馬上改變自己的 IP 位址就好了。現在網路上有許多的免費 VPN 可以下載，建議讀者可了解看看，以備不時之需。不過，既然只是 IP 被 block 而已，解決方法就是換個 IP 就好了嘛！因此，非技術上的簡單解決方法是：若讀者是接非固

定 IP 的寬頻，那麼就把控制寬頻的小烏龜，拔掉電源，休息 10 秒，再重新開機時，由於 IP 會重抓，於是就能立即解決 IP 被 block 的問題了。

爬取「PTT 八卦版」的 PO 文資料

本節的爬蟲範例將爬取「PTT 八卦版」內的文章，在第 9-5 節中，我們就曾介紹過如何向「PTT 八卦版」送出 HTTP 請求，故具重複性的內容，在此不再贅述。若有需要，請讀者自行回顧。

13-1　確認標的網站的 URL 網址

由第 9-5 節的說明內容，可得知 PTT 八卦版的網址為：

```
https://www.ptt.cc/bbs/gossiping/index.html
```

為了使爬蟲程式更具擴充性，未來可以爬取 PTT 內的其它版。在此，我們將把上述的網址進行解析。PTT 的網址結構大致上可分為三個部分：一為基底網址，即「https://www.ptt.cc」、其次為版名，如：八卦版為「/bbs/gossiping/」、政黑版為「/bbs/hatepolitics/」等。最後為「index.html」。由於想要讓未來完成後的爬蟲程式也能應用於其它版中，所以將把版名部分設定成變數（BOARD_URL），這樣將來只要於程式碼中改變 BOARD_URL 的值，就能爬取 PTT 內的其它版之發文內容。基於此，本範例中，爬取八卦版時之網址的通用格式，將設定如下：

```
BOARD_URL = '/bbs/gossiping/'
url = 'https://www.ptt.cc' + BOARD_URL + 'index.html'
```

13-2　送出 HTTP 請求，取得頁面資料

確認出正確的 URL 後，即可使用「requests.get()」方法向伺服器送出 HTTP 請求，以獲取頁面資料。然由第 9-5 節的說明可知，欲瀏覽 PTT 八卦版的文章

時，通常都會先驗證使用者是否已滿 18 歲，若回答「是」，那麼才能進入 PTT 八卦版內瀏覽發文。此驗證是否滿 18 歲的機制將藉由 Cookie 來達成的。所以，將來於爬蟲程式中，發出 HTTP 請求時，只要以字典型態（{'over18':'1'}）來傳遞「over18=1」（代表已滿 18 歲）這個 Cookie，即可通過驗證，而進入八卦版爬取發文資料。其程式碼如表 13-1。

表 13-1　Get_PageContent() 函式

程式檔	ex13-1.py	函式	Get_PageContent(url)
1	def Get_PageContent(url):		
2	res = requests.get(　　　url=url, 　　　cookies={'over18': '1'} 　)		
3	content = BeautifulSoup(res.text, 'lxml')		
4	return content		

13-3　取得八卦版目前總頁數

在真正爬取 PTT 八卦版的文章前，我們想先取得八卦版目前的總頁數，並告知使用者這項訊息。以便將來使用者能自行決定，欲爬取多少頁的發文內容。其程式碼如表 13-2。

表 13-2   Get_TotalPageNum() 函式

程式檔	ex13-1.py	函式	Get_TotalPageNum(BOARD_URL)
1	def Get_TotalPageNum(BOARD_URL):		
2	soup = Get_PageContent('https://www.ptt.cc' + BOARD_URL + 'index.html')		
3	# print(soup.prettify())		
4			
5	next_page = soup.find('div', 'btn-group-paging').find_all('a', 'btn')		
6	next_link = next_page[1].get('href')		
7	total_page = next_link.lower().replace(BOARD_URL + 'index', '')		
8	total_page = int(total_page[:-5]) + 1		
9			
10	return total_page		

「Get_TotalPageNum(BOARD_URL)」函式中，首先調用「Get_PageContent(url)」函式，以取得 PTT 八卦版目前最新之頁面的 HTML 原始碼。在此，第 3 行的「print(soup.prettify())」目前雖予以加「#」號（爬蟲完成後，不使用，僅使用於測試階段），不執行。但讀者可自行解開，以印出伺服器所回應的 HTML 原始碼。可將這些原始碼複製起來，然後貼到線上軟體「Live DOM Viewer」中，就可轉化成 DOM 文件樹，這樣將來利用 BeautifulSoup 萃取資料時，就會變得相當方便。如圖 13-1。

圖 13-1　最新頁面的 DOM 文件樹

　　通常，剛進入 PTT 八卦版時的頁面為「最新」頁面，而頁面右上角的「上頁」鈕則可連結到次新頁面，依此類推。觀察圖 13-1 之「最新」頁面的 DOM 文件樹，「上頁」鈕的超連結為「/bbs/Gossiping/index39296.html」。在此，「index」後的數字即為「最新」頁面之上一頁的頁碼，由此，不難理解，PTT 八卦版目前的總頁數應為「39296+1」。所以爬蟲程式只要能爬取「上頁」鈕的超連結，就能夠取得 PTT 八卦版目前的總頁數了。

　　觀察圖 13-1，要找「上頁」鈕的超連結，必須先找到「div.btn-group-paging」這個 Tag 區塊，然後再篩選出「btn」Tag 區塊，其中第 2 個「a.btn」Tag 區塊的超連結（href），就是我們要萃取出的資料了。因此，表 13-2 的第 5 行即是利用「find()」與「find_all()」篩選出「btn」Tag 區塊的過程，而第 6 行即是萃取出第 2 個「btn」Tag 區塊（索引值為 1）之超連結的程式碼。最後，再於第 7 行中，由所取得的超連結字串，提取出「index」後的數字。在第 8 行再加上 1 之後，就可取得總頁數（39297，total_page 變數值）了。

13-4 取得各分頁的連結 url

前一節中，使用「Get_PageContent(url)」函式所傳回的內容，只是代表 PTT 八卦版的「最新」頁面而已。若使用瀏覽器來觀看頁面時，就可發現，每個分頁的連結是透過網址中「index」字串後的數字來達成的，其網址變化如下：

上 1 頁：https://www.ptt.cc/bbs/Gossiping/index39296.html

上 2 頁：https://www.ptt.cc/bbs/Gossiping/index39295.html

上 3 頁：https://www.ptt.cc/bbs/Gossiping/index39294.html

從上述的分頁網址分析，各分頁的連結可使用下列的方式來表達：

```
page_link='https://www.ptt.cc' +' BOARD_URL + 'index' + str(i) + '.html'
```

在此「str(i)」即代表頁碼，如果我們想爬取 4 頁時，那麼頁碼將是 [39297, 39296, 39295, 39294]，也可以把他想成 [總頁數 , 總頁數 -1, 總頁數 -2, 總頁數 -3]，也就是說，從最大頁數（即總頁數）往前倒數 4 頁的意思。因此，其邏輯意義就如同使用「range()」時的「range（總頁數 , 總頁數 - 欲爬取頁數 , -1）」。因此，取得各分頁的連結 url 的函式，就如表 13-3 所示：

表 13-3　Get_pages_link() 函式程式碼

程式檔	ex13-1.py		函式	Get_pages_link()
1	def Get_pages_link(BOARD_URL, total_page_num, page_want_to_crawl):			
2	pages_link = list()			
3	for i in range(total_page_num, total_page_num - page_want_to_crawl, -1):			
4	page_link = BOARD_URL + 'index' + str(i) + '.html'			
5	pages_link.append(page_link)			
6				

7	return pages_link

　　函式「Get_pages_link()」接收了主程式所傳來的 BOARD_URL、total_page_ num 和 page_want_to_crawl 等三個參數，BOARD_URL 為 PTT 八卦版的版名， total_page_num 為總頁數，而 page_want_to_crawl 則為在主程式中，由使用者所輸入的「欲爬取頁數」。

　　首先，在第 3 行的 for 這個計數迴圈中，設定計數器從「total_page_num」（最新頁之頁碼）開始起跳，每次跳「-1」（倒數），直到「total_page_num - page_want_to_crawl」後停止。接著在第 4 行中，由八卦版的版名再組合代表分頁的「index」、「str(i)」與「.html」後，這樣就可求算出各個分頁的連結網址了。最後，再將各分頁的網址存入「pages_link」串列中，再回傳給主程式。

13-5　取得各分頁中的 PO 文標題

　　獲得各分頁之網址後，只要再將分頁網址傳入「Get_PageContent(page_ link)」函式中，就可獲得詳列該分頁之 PO 文標題的 BeautifulSoup 物件。只要再利用 BeautifulSoup 所提供的各種方法與字串操作技術，即可萃取出該分頁中的所有 PO 文標題了。具有上述功能的程式碼，將編成自訂函式「Parse_Get_ MetaData( )」，其程式碼如表 13-4 所示：

表 13-4　Parse_Get_MetaData() 函式

程式檔	ex13-1.py	函式	Parse_Get_MetaData(page_link)
1	def Parse_Get_MetaData(page_link):		
2	url = 'https://www.ptt.cc' + page_link		
3	soup = Get_PageContent(url)		

4	#　　print(soup.prettify())
5	articles = soup.find_all('div', 'r-ent')
6	page_posts = list()
7	for article in articles:
8	meta = article.find('div', 'title').find('a')
9	if meta:
10	page_posts.append({ 　　　　　　'link': meta.get('href'), 　　　　　　'title': meta.get_text(), 　　　　　　'date': article.find('div', 'date').get_text(), 　　　　　　'author': article.find('div', 'author').get_text(), 　　　　　　'push': article.find('div', 'nrec').get_text() 　　　　})
11	
12	return page_posts

　　在「Parse_Get_MetaData(page_link)」函式中，由呼叫程式所傳來了分頁網址（page_link 變數）後，隨即調用「Get_PageContent(url)」函式，以取得各分頁的 BeautifulSoup 物件（DOM 文件樹）。

　　在第 4 行中的「print(soup.prettify())」目前雖予以加「#」號，不執行。但在程式測試階段時，建議解開備註，以協助取得 HTML 原始碼的 DOM 文件樹。利用「print(soup.prettify())」取得 HTML 原始碼後，轉貼到線上軟體「Live DOM Viewer」中，就可轉化成 DOM 文件樹，這樣將來利用 BeautifulSoup 萃取資料時就會變得相當方便。有時，當你把 HTML 原始碼貼到「Live DOM Viewer」時並不會產生 DOM 文件樹，這時只要於 HTML 原始碼中，把含有 <meta> 標籤的 Tag 區塊刪除掉，當可順利地顯示出 DOM 文件樹（如圖 13-2）。

接下來，我們就要來爬取分頁中，所有 PO 文的標題與其相關資訊了。首先觀察於「Live DOM Viewer」中所產生的 DOM 文件樹（如圖 13-2），可發現每篇 PO 文的標題與其相關資訊都會包含在「DIV class="r-ent"」Tag 區塊中，這些資訊包含：

1. 標題（title）：位於「DIV class=" title"」Tag 區塊中。
2. 連結（link）：位於「DIV class=" title"」內的「A」Tag 區塊中。這個連結，將來欲取得 PO 文的發言內容時會用到，故請讀者要特別注意，它的值並不具有 PTT 的基底網址，如圖 13-2。
3. 作者（author）：位於「DIV class=" author"」Tag 區塊中。
4. 日期（date）：位於「DIV class=" date"」Tag 區塊中。
5. 推文數（push）：位於「DIV class="nrec"」Tag 區塊中。

基於此，於第 5 行先用「find_all('div', 'r-ent')」找出所有包含 PO 文標題的 Tag 區塊，然後放入「articles」串列中，再利用 for 迴圈遍歷「articles」串列，參考上述各 PO 文資訊說明，逐一的萃取出各 PO 文標題與其相關資訊，這些 PO 文標題與其相關資訊，將以字典的型態儲存於「page_posts」串列中（第 6 行至第 10 行）。

至此，我們已萃取出各分頁之 PO 文標題與其相關資訊了。有了 DOM 文件樹的輔助，確實可以很快地找到各項資訊所屬的區塊。讀者應不難理解，從第 8 行至第 10 行，都是在使用 BeautifulSoup 物件的 find 方法來萃取出 PO 文的各項資訊，而第 7 行的 for 迴圈就是從該分頁中，取出所有 PO 文的遞迴過程而已。待取出所有 PO 文之詳細資料後，再以「page_posts」串列來儲存該分頁的 PO 文標題與其相關資訊。須特別理解的是，「page_posts」串列中每一個元素都是一個字典，一個字典就是代表一筆 PO 文資料的意思，而且每個字典內都有五個鍵值對。

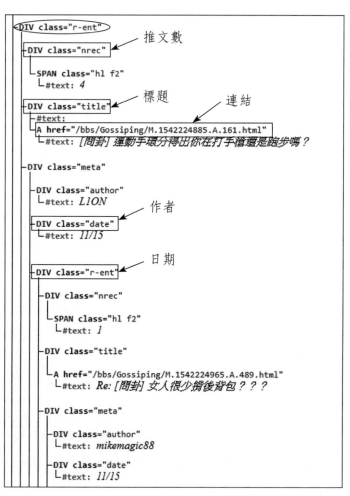

圖 13-2 各分頁 PO 文的 DOM 文件樹

13-6 彙總所有分頁的 PO 文標題

如前所述,由「Parse_Get_MetaData(page_link)」函式可獲取分頁中的 PO 文標題,所以如果可以將各分頁中的 PO 文標題彙總起來,那麼爬蟲任務就完成大

半了。故必須再製作一個具有彙總能力的函式，其程式碼如表 13-5 所示。

表 13-5　Get_Posts() 函式

程式檔	ex13-1.py	函式	Get_Posts(pages_link)
1	def Get_Posts(pages_link):		
2	with Pool(cpu) as p:		
3	pages_posts_list = p.map(Parse_Get_MetaData, pages_link)		
4				
5	all_posts_list = list()		
6	for each_page in pages_posts_list:		
7	for each_post in each_page:		
8	all_posts_list.append(each_post)		
9				
10	return all_posts_list		

在「Get_Posts()」函式中，由呼叫程式傳入了 pages_link(各分頁的連結網址) 後，隨即以平行作業處理方式（請參考第 12-9 節），逐頁的呼叫「Parse_Get_MetaData(link)」函式，以萃取各個分頁中所包含的 PO 文標題及其相關資訊，並將各分頁的 PO 文標題及其相關資訊，依頁次順序存入 pages_ posts _list 串列中（第 2 行至第 3 行）。

接著，利用外層 for 迴圈遍歷 pages_ posts _list 串列的所有分頁，再利用內層迴圈遍歷每個分頁中的 PO 文資料，然後一一的存入 all_posts_list 串列中，這樣就可彙總所有分頁的 PO 文標題了（第 5 行至第 8 行）。

13-7　取得每篇 PO 文之發言內容

到目前為止，我們已爬取所有 PO 文的相關資訊了，這些資訊包含 PO 文的標題（title）、連結（link）、作者（author）、日期（date）與推文數（push）。如果還能把每篇 PO 文之發言內容也爬取出來的話，那就完美了。

首先，我們在八卦版上，隨便挑選一篇 PO 文的發言內容來看看（https://www.ptt.cc/bbs/Gossiping/M.1542224734.A.E72.html），然後觀察網頁畫面，如圖 13-3。在圖 13-3 中，用粗線條框起來的部分，都不是我們要萃取的發言內容，須爬取的部分是畫面中間的發言內容而已。

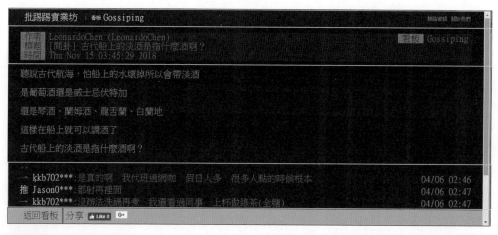

圖 13-3　發言內容畫面

接著，為了獲取這個畫面的 DOM 文件樹，我們在其它的測試檔案裡編寫如下的小程式（建議在 Jupyter Notebook 中測試），以獲取發言內容頁面的 HTML 原始碼（如圖 13-4），然後再複製所輸出的 HTML 原始碼，再轉貼到線上軟體「Live DOM Viewer」中，就可轉化成 DOM 文件樹，如圖 13-5。

圖 13-4　取得發言內容畫面的 HTML 原始碼

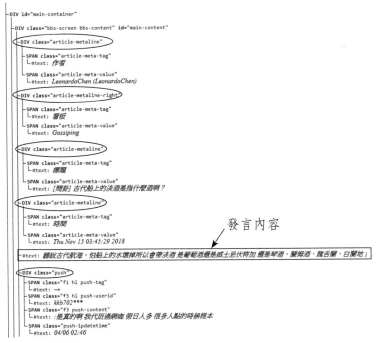

圖 13-5　發言內容頁面的 DOM 文件樹

觀察 DOM 文件樹可發現，發言內容位於「DIV id="main-content"」Tag 區塊內的「text」內（圖 13-5 方框框起來的部分），但「DIV id="main-content"」內包含許多其它的「text」，要取出「發言內容」並不容易。那麼就來砍掉那些不須要的枝、葉吧！如同先前對圖 13-3 的說明，圖 13-3 中方框框起來的部分，是不需要的部分，可以砍除它。再從 DOM 文件樹來看，這些須砍除的部分有「DIV class="article-metaline"」、「DIV class="article-metaline-right"」與「DIV class="push"」等區塊（圖 13-5 橢圓框起來的部分）。這些部分砍完後，會發現「DIV id="main-content"」Tag 區塊內只剩下一個「text」，這個「text」就是發言內容啦！

上述爬取每篇 PO 文之發言內容的概念，寫成函式時，如表 13-6 所示。

表 13-6　Parse_Get_Content() 函式

程式檔	ex13-1.py		函式	Parse_Get_Content(link)
1	def Parse_Get_Content(link):			
2	content = Get_PageContent('https://www.ptt.cc' + link)			
3	shift = content.find_all('div',['article-metaline', 'article-metaline-right', 'push'])			
4	if shift:			
5	for elem in shift:			
6	elem = elem.extract()			
7				
8	main_content = content.find(id='main-content')			
9	if main_content:			
10	content = main_content.text.lstrip().rstrip()			
11	else:			
12	content = 'None'			
13	return content			

由於呼叫程式傳過來的「link」變數並不包含 PTT 的基底網址。所以先加上基底網址後，再調用「Get_PageContent('https://www.ptt.cc' + link)」，以獲取發言內容頁面的 BeautifulSoup 物件（第 2 行）。該 BeautifulSoup 物件（content 變數）的 DOM 文件樹，如圖 13-5。

如前所述，我們必須砍除圖 13-3 中的上、下兩個區塊，若從 DOM 文件樹觀察，上面 [作者、標題、時間] 那個區塊，就是由幾個「DIV class="article-metaline"」與「DIV class="article-metaline-right"」區塊所構成；而「DIV class="push"」區塊就是下面的推文部分。所以程式碼中的第 3 行，先用 find_all 將「DIV class="article-metaline"」、「DIV class="article-metaline-right"」與「DIV class="push"」Tag 區塊找出來。如果有找到（第 4 行），則利用遍歷技術配合 extract() 方法，從原來的 DOM 文件樹中移除所找到的 Tag 區塊（第 4 行至第 6 行）。移除後，DOM 文件樹會變得很清爽，如圖 13-6。

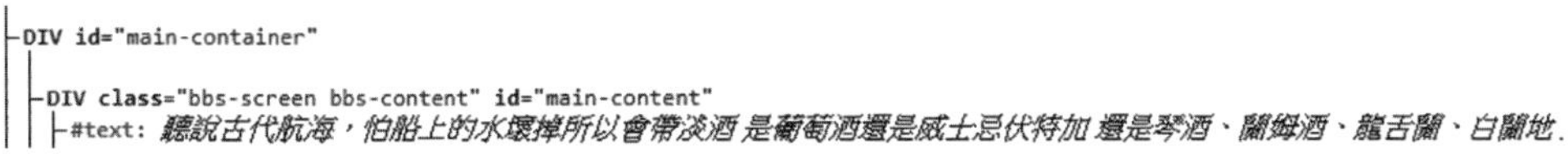

```
├DIV id="main-container"
├DIV class="bbs-screen bbs-content" id="main-content"
│├#text: 總說古代航海，怕船上的水壞掉所以會帶淡酒 是葡萄酒還是威士忌伏特加 還是琴酒、蘭姆酒、龍舌蘭、白蘭地.
```

圖 13-6 移除非所需之 Tag 區塊後的 DOM 文件樹

觀察圖 13-6，欲取得發言內容，只需找到含「id='main-content'」的 Tag 區塊即可（第 8 行），若有找到則發言內容使用「main_content.text」就可將發言內容（content 變數）提取出來；若沒找到，則令 content 變數為「None」（第 9 行至第 12 行）。最後再把 content 變數回傳給原呼叫程式。

13-8　彙整所有 PO 文的相關資訊

爬蟲程式藉由「Get_Posts()」函式取得所有的 PO 文資訊，這些資訊包含標題（title）、連結（link）、作者（author）、日期（date）與推文數（push）。

再藉由「Parse_Get_Content()」函式獲取每個 PO 文的發言內容。若能將這些資訊全都彙整起來，那麼爬取 PTT 八卦版的爬蟲程式就完成了。故必須再製作一個具有彙總能力的函式，其程式碼如表 13-7 所示。

表 13-7　Get_Articles() 函式

程式檔	ex13-1.py		函式	Get_Articles(posts_list)
1	def Get_Articles(posts_list):			
2	post_link = [entry['link'] for entry in posts_list]			
3	with Pool(cpu) as p:			
4	contents = p.map(Parse_Get_Content, post_link)			
5				
6	all_posts_content = list()			
7	for i in range(len(posts_list)):			

8	all_posts_content.append({
	            'title': posts_list[i]['title'],
	            'link': posts_list[i]['link'],
	            'date': posts_list[i]['date'],
	            'author': posts_list[i]['author'],
	            'push': posts_list[i]['push'],
	            'content': contents[i]
	        })			

9				
10	return all_posts_content			

在「Get_Articles()」函式中，由呼叫程式傳入了 posts_list 串列（所有 PO 文的標題）後，從 posts_list 串列中取出每個 PO 文的連結。由於 posts_list 串列中，每個 PO 文的各類資訊都是以字典型態儲存，因此提取每個 PO 文的連結（link 鍵）時，須以「entry['link']」方式，才能提取出每個 PO 文的連結 url，然後依序

放入「post_link」串列中。隨即以平行作業處理方式（請參考第 12-9 節），逐次的呼叫「Parse_Get_Content(post_link)」函式，以取出各個 PO 文的發言內容，並將 PO 文的發言內容，依順序存入 contents 串列中（第 3 行至第 4 行）。

接著，利用外層 for 迴圈遍歷 posts _list 串列的所有 PO 文，再利用內層迴圈遍歷每個 PO 文中的相關資訊（彙整 posts_list 和 content 中的資料），然後一一的存入 all_posts_content 串列中，這樣就可彙總所有 PO 文的資訊內容了（第 6 行至第 8 行）。

13-9　將 PO 文的詳細資料，存入 Excel 檔案中

至此，所有爬取的 PO 文資料皆已彙總完畢，並已存入 all_posts_content 串列中。接下來，為利於資料分析或檢索，將把 all_posts_content 串列中的所有 PO 文資料傳給「Save2Excel(posts)」函式處理，然後存入 Excel 檔案（Get_Posts. xlsx）中。將串列資料轉存 Excel 檔的方法已於第 11-5 節中做過詳細說明，在此不再贅述。其程式碼如表 13-8 所示。

表 13-8　Save2Excel() 函式

程式檔	ex13-1.py	函式	Save2Excel(posts)
1	def Save2Excel(posts):		
2	titles = [entry['title'] for entry in posts]		
3	links = [entry['link'] for entry in posts]		
4	dates = [entry['date'] for entry in posts]		
5	authors = [entry['author'] for entry in posts]		
6	pushes = [entry['push'] for entry in posts]		
7	contents = [entry['content'] for entry in posts]		
8			

9	df = DataFrame({ 　　'title':titles, 　　'link':links, 　　'date': dates, 　　'author':authors, 　　'push': pushes, 　　'content': contents 　　})
10	
11	df.to_excel('Get_Posts.xlsx', sheet_name='sheet1', index=False, columns=['title', 'link', 'date', 'author', 'push', 'content'])
12	

13-10　建立主程式

　　介紹完爬取「PTT 八卦版」之 PO 文的各種函式功能後，我們再來詳細說明主程式「main()」的程式碼。本節中的主程式內容也和第 11-6 節類似。這也屬一種編寫程式的風格吧！其程式碼如表 13-9 所示。

表 13-9　main() 函式

程式檔	ex13-1.py	函式	main()
1	import time		
2	import requests		
3	from pandas import DataFrame		
4	from bs4 import BeautifulSoup		
5	import multiprocessing		
6	from multiprocessing import Pool		
7	cpu = multiprocessing.cpu_count()		

8	
9	def main():
10	BOARD_URL = '/bbs/gossiping/'
11	total_page_num = Get_TotalPageNum(BOARD_URL)
12	print('八卦版目前總共有 {} 頁。'.format(total_page_num))
13	page_want_to_crawl = input('請問你打算爬取幾頁？')
14	if page_want_to_crawl == '' or not page_want_to_crawl.isdigit() or int(page_want_to_crawl) <= 0: print('\n所欲爬取的頁數輸入錯誤，離開程式……')
15	else:
16	page_want_to_crawl = min(int(page_want_to_crawl), total_page_num)
17	pages_link = Get_pages_link(BOARD_URL, total_page_num, page_want_to_crawl)
18	print('\n計算中，請稍候……')
19	start = time.time()
20	posts_list = Get_Posts(pages_link)
21	posts_data = Get_Articles(posts_list)
22	print('\n已取得所需PO文，執行時間共 {} 秒。'.format(time.time()-start))
23	Save2Excel(posts_data)
24	print('\n====資料已順利取得，並已存入Get_Posts.xlsx中====\n')

　　首先匯入必要的套件（第 1 行至第 6 行），由於本爬蟲將使用平行處理技術，因此在第 7 行中也先設定進程池中之工作進程的數量等於 cpu 核數。

　　在「main()」的第 10 行中，先將八卦版版名設定成變數（版名全部小寫），以便未來，可擴充本程式至批踢踢之其它版的爬蟲作業。接著在第 11 行至第 12 行中，調用「Get_TotalPageNum(BOARD_URL)」函式，以便取得目前八卦版中

PO 文的總頁數。第 13 行中，由使用者決定欲爬取的頁數。

使用者所輸入的爬取頁數無誤後，程式即開始依頁數爬取 PO 文資料。首先於第 17 行使用「Get_pages_link()」函式取得各分頁的連結。取得各分頁的連結（pages_link）後，於第 20 行，調用「Get_Posts()」函式以爬取所有的 PO 文之相關資訊，這些資訊包含 PO 文的標題（title）、連結（link）、作者（author）、日期（date）與推文數（push）。接著，再於第 21 行調用「Get_Articles()」函式以爬取所有的 PO 文之發言內容，並整合先前的 PO 文相關資訊，而形成完整的 PO 文資料（posts_data），並調用「Save2Excel()」而將這些完整的 PO 文資料存入 Get_Posts.xlsx 中。

最後，執行本爬蟲程式看看，執行結果所獲得的 PO 文資料確實已能存入 Get_Posts.xlsx 中。如圖 13-7。

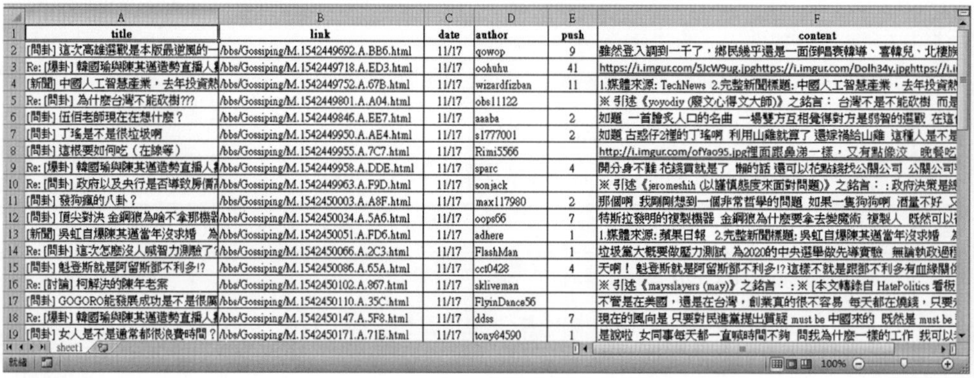

	A	B	C	D	E	F
1	title	link	date	author	push	content
2	[問卦] 這次高雄選戰是本版最逆風的一	/bbs/Gossiping/M.1542449692.A.BB6.html	11/17	qowop	9	雖然登入調到一千了，鄉民幾乎還是一面倒唱衰韓導、酸韓兒、北樓族
3	Re: [爆卦] 韓國瑜與陳其邁造勢直播人	/bbs/Gossiping/M.1542449718.A.ED3.html	11/17	oohuhu	41	https://i.imgur.com/5JcW9ug.jpghttps://i.imgur.com/Dolh34y.jpghttps://i.i
4	[新聞] 中國人工智慧產業，去年投資熱	/bbs/Gossiping/M.1542449752.A.67B.html	11/17	wizardfizban	11	1.媒體來源: TechNews 2.完整新聞標題: 中國人工智慧產業，去年投資熱
5	Re: [問卦] 為什麼台灣不能砍樹???	/bbs/Gossiping/M.1542449801.A.A04.html	11/17	obs11122		※ 引述《yoyodiy (廢文心得文大師)》之銘言： 台灣不是不能砍樹 而是
6	[問卦] 伍佰老師現在在想什麼？	/bbs/Gossiping/M.1542449846.A.EE7.html	11/17	aaaba	2	如題 一首膾炙人口的名曲 一場雙方互相覺得對方是弱智的選戰 在這
7	[問卦] 丁瑤是不是很垃圾啊	/bbs/Gossiping/M.1542449950.A.AE4.html	11/17	s1777001	2	如題 古惑仔2裡的丁瑤啊 利用山雞就算了 還嫁禍給山雞 這種人是不是
8	[問卦] 這根要如何吃（在線等）	/bbs/Gossiping/M.1542449955.A.7C7.html	11/17	Rimi5566		http://i.imgur.com/ofYao95.jpg裡面跟鼻涕一樣，又有點像汶 晚餐吃
9	Re: [爆卦] 韓國瑜與陳其邁造勢直播人	/bbs/Gossiping/M.1542449958.A.DDE.html	11/17	sparc	4	開分身不難 花錢買就是了 懶的話 還可以花點錢找公關公司 公關公司
10	Re: [問卦] 政府以及央行是否導致房價	/bbs/Gossiping/M.1542449963.A.F9D.html	11/17	sonjack		※ 引述《jeromeshih (以謹慎態度來面對問題)》之銘言： : 政府決策是
11	[問卦] 發狗瘋的八卦？	/bbs/Gossiping/M.1542450003.A.A8F.html	11/17	max117980	2	那個啊 我剛剛想到一個非常哲學的問題 如果一隻狗狗啊 酒量不好 又
12	[問卦] 頂尖對決 金鋼狼為啥不拿那機器	/bbs/Gossiping/M.1542450034.A.5A6.html	11/17	oops66	7	特斯拉發明的複製機器 金鋼狼為什麼要拿去變魔術 複製人 既然可以
13	[新聞] 吳虹自爆陳其邁當年沒求婚 為	/bbs/Gossiping/M.1542450051.A.FD6.html	11/17	adhere	1	1.媒體來源: 蘋果日報 2.完整新聞標題: 吳虹自爆陳其邁當年沒求婚
14	Re: [問卦] 這次怎麼沒人喊智力測驗了?	/bbs/Gossiping/M.1542450066.A.2C3.html	11/17	FlashMan	1	垃圾黨大概要做壓力測試 為2020的中央選舉做先導實驗 無論執政過程
15	[問卦] 魁登斯就是阿留斯部不利多!?	/bbs/Gossiping/M.1542450086.A.65A.html	11/17	cct0428	4	天啊！ 魁登斯就是阿留斯鄧不利多!?這樣不就是跟鄧不利多有血緣關係
16	Re: [討論] 柯解決的陳年老案	/bbs/Gossiping/M.1542450102.A.867.html	11/17	skliveman		※ 引述《maysslayers (may)》之銘言： : ※ [本文轉錄自 HatePolitics 看板
17	[問卦] GOGORO能發展成功是不是很厲	/bbs/Gossiping/M.1542450110.A.35C.html	11/17	FlyinDance56		不管是在美國，還是在台灣，創業真的很不容易 每天都在燒錢，只要
18	Re: [爆卦] 韓國瑜與陳其邁造勢直播人	/bbs/Gossiping/M.1542450147.A.5F8.html	11/17	ddss	7	現在的風向是 只要對民進黨提出質疑 must be 中國來的 既然是 must be
19	[問卦] 女人是不是通常都很浪費時間？	/bbs/Gossiping/M.1542450171.A.71E.html	11/17	tony84590	1	是說啦 女同事每天都一直喊時間不夠 問我為什麼一樣的工作 我可以

圖 13-7 已獲得所有的 PO 文資料（Get_Posts.xlsx）

書籍比價爬蟲

　　本節中，將製作一個網路書店中的書籍比價爬蟲。在爬蟲程式的編寫上，將分兩個階段來進行。第一個階段，先在博客來網路書店中，透過關鍵字來搜尋感興趣的書籍清單，並取得這些書籍的詳細資料，如書名、ISBN 碼、價格等。再於第二階段，利用各書籍的 ISBN 碼找出該書籍於誠品、金石堂等網路書店中的價格，以達比價之效果。

14-1　確認標的網站的 URL 網址

　　博客來網路書店是台灣著名的網路書店之一，其 URL 網址為：

```
https://www.books.com.tw/
```

　　在博客來中，消費者可透過其所提供的輸入表單，輸入簡單的關鍵字而查詢到相關書籍。例如：透過上述 URL 網址進入博客來主頁後，於輸入表單輸入關鍵字「python」後，來查詢與關鍵字「python」相關的書籍（如圖 14-1）。查詢後，即可看到畫面轉入搜尋結果頁面。此時，注意觀察搜尋結果頁面的 URL 網址也已變化為：

```
https://search.books.com.tw/search/query/key/python/cat/all
```

　　由這個搜尋結果頁面的 URL 網址中，請讀者留意「query」（代表搜尋之意）之後的文字即可，且觀察剛剛我們所輸入的關鍵字「python」於 URL 網址字串中的位置。顯見，「python」它是位於「key/」與「/cat/all」之間（反白部分）。然而，為了後續取得各搜尋結果分頁的方便性，程式編碼時將調換 URL 網址中「key/」與「/cat/all」的順序（如下列 URL 網址，其搜尋結果會相同），以便能使搜尋關鍵字「python」能位於 URL 網址字串的最後面。據此，我們可

圖 14-1　博客來網路書店的主頁面與搜尋結果頁面

以確認博客來搜尋結果頁面之 URL 網址的通用格式為：

url = 'http://search.books.com.tw/search/query/cat/all/key/' + keyword

14-2　送出 HTTP 請求，取得頁面資料

　　確認出博客來網路書店搜尋結果頁面之 URL 網址的通用格式後，即可使用「requests.get()」方法向伺服器送出 HTTP 請求，以獲取所有的搜尋結果頁面之 HTML 原始碼。然博客來網路書店之網站具有基本的防爬機制，即只允許使用

者透過瀏覽器拜訪該網站。故經測試，傳送時須攜帶「headers」參數，且只須攜帶「User-Agent」這個標頭，就可順利讓伺服器回傳搜尋結果頁面。因此，將設計一個函式（Get_PageContent() 函式），以便能達成向博客來網路書店提出請求，並獲取搜尋結果頁面之 HTML 原始碼的目標。Get_PageContent() 函式的程式碼如表 14-1。

表 14-1　Get_PageContent() 函式

程式檔	ex14-1.py		函式	Get_PageContent(url)
1	def Get_PageContent(url):			
2	header_dict = {'User-Agent': 'Mozilla/5.0(Linux; Android 6.0; Nexus 5 Build/MRA58N) AppleWebKit/537.36(KHTML, like Gecko) Chrome/70.0.3538. 77 Mobile Safari/537.36'}			
3	res = requests.get(url=url, headers=header_dict)			
4	content = BeautifulSoup(res.text, 'lxml')			
5				
6	return content			

在 Get_PageContent() 函式中，使用「header_dict」儲存模擬瀏覽器的標頭資訊，這個標頭資訊是通用的，且其格式屬字典資料格式，一般可用於任何一個 Python 程式中。當 Python 程式向博客來網路書店的伺服器提出請求時，透過「header_dict」這個標頭資訊的設定，將可突破伺服器的防爬機制，而讓博客來網路書店的伺服器誤判為該請求為瀏覽器所提出，因而回應資訊。這樣，Python 程式就可順利的爬取博客來網路書店的書籍資料了。

其次，在獲取伺服器所回傳的 HTML 原始碼後，Python 程式將利用 BeautifulSoup 模組，將該 HTML 原始碼轉換為 BeautifulSoup 物件（變數

content），這樣未來就可利用 BeautifulSoup 物件的諸多方法（find、find_all、select），來針對這些 HTML 原始碼進行搜尋、萃取或篩選等任務了。

14-3　取得搜尋結果的總頁數

　　藉由上一小節的 Get_PageContent(url) 函式向博客來網路書店的伺服器送出 HTTP 請求後，雖然只會傳回搜尋結果的第一個頁面，但我們仍可以透過解析該 HTML 原始碼，而取得完整之搜尋結果的總頁數。計算搜尋結果之總頁數的函式為 Get_TotalPageNum() 函式，其程式碼如表 14-2。

表 14-2　Get_TotalPageNum() 函式

程式檔	ex14-1.py		函式	Get_TotalPageNum(url)
1	def Get_TotalPageNum(url):			
2	soup = Get_PageContent(url)			
3	#　print(soup.prettify())			
4				
5	for script in soup.find_all('script'):			
6	if 'total=' in script.text:			
7	total_book_num = script.text[script.text.find('total=')+6:script.text.find('&page=')]			
8	total_page_num = int(int(total_book_num)/20)+1			
9	break			
10				
11	return total_book_num, total_page_num			

　　在 Get_TotalPageNum() 函式中，我們可以利用「print(soup.prettify())」而印

出搜尋結果頁面之排版後的 HTML 原始碼（如圖 14-2），這樣將有助於我們對該 HTML 原始碼的解析。過去我們都是使用 HTML 的標籤來萃取所需資料。但在此，將有所變化，我們將關注於 Javascript 的程式碼。

在 Visual Studio Code 中觀察 HTML 原始碼的內容並不方便，因此，我們將上一小節中，獲取 HTML 原始碼之 Get_PageContent（url）函式的程式碼，複製到 Jupyter Notebook 中來進行測試。經測試後，所獲得的 HTML 原始碼之內容，如圖 14-2 所示。

觀察圖 14-2 之搜尋結果頁面的 HTML 原始碼，可以發現搜尋結果頁面 <head>Tag 區塊中，存在許多的 <script> 標籤，這些用 <script> 與 </script> 所圍起來的 Tag 區塊，就是所謂的 Javascript 程式碼。注意觀察，在其中某一段 <script> 區塊中，存在著一小段字串「total=2402」，若使用實際的瀏覽器來觀看搜尋結果頁面，也可從畫面中找到「搜尋結果共 2402 筆」等字串（圖 14-1 中圓圈所圈出的字串）。據此，不難理解「total=2402」的意義，即為利用關鍵字「python」所搜尋到的書籍總數。當然這是個重要資訊，那麼我們就利用 BeautifulSoup 物件的搜尋方法，來萃取 <script> 區塊中的總書籍數資料吧！

在第 5 行中，使用「soup.find_all('script')」就可找出 HTML 原始碼中，所有的 <script> 區塊，並以串列格式儲存每個 <script> 區塊，串列中每一個元素就是一個 <script> 區塊。接著再使用遍歷技術（for script in soup.find_all('script')），逐一取用串列中的每個元素（每個 <script> 區塊），再判斷「total=」字串是否包含於某個 <script> 區塊中。若在某個 <script> 區塊中的話，則用字串操作技巧（如第 7 行）獲取總書籍數，並計算總頁數（一頁 20 本書）（第 8 行），計算完成後，不須再檢查其它的 <script> 區塊了，所以就跳離（break）遍歷迴圈，並回傳總書籍數（total_book_num）與總頁數（total_page_num）。

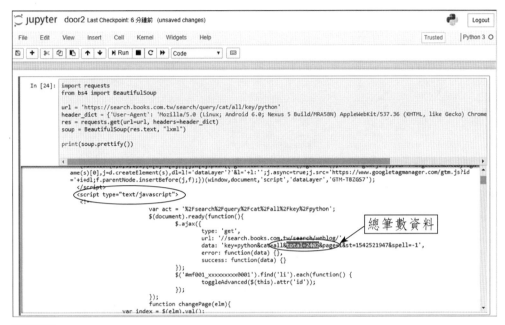

圖 14-2　搜尋結果頁面的 HTML 原始碼

14-4　取得各分頁的連結

　　在第 14-2 節中，使用「Get_PageContent(url)」函式向伺服器提出請求後，所傳回的 HTML 原始碼內容，只是代表搜尋結果的第 1 頁資料而已。其實，完整的搜尋結果總共有 121 頁。因此，若要獲得所有搜尋出來的書籍，就有必要解析各搜尋結果頁面的書籍內容，為達成此目的，首要工作即是解析出各搜尋結果頁面的網址（URL）。

　　首先，我們直接使用瀏覽器來觀看各搜尋結果頁面。可以發現，每個搜尋結果頁面（分頁）中會包含 20 筆搜尋出的書籍資料。且第 2 頁之後，各分頁的網址變化如下：

第 2 頁：https://search.books.com.tw/search/query/cat/all/key/python/sort/1/page/2/
v/0/

第 3 頁：https://search.books.com.tw/search/query/cat/all/key/python/sort/1/page/3/
v/0/

第 4 頁：https://search.books.com.tw/search/query/cat/all/key/python/sort/1/page/4/
v/0/

從上述的分頁網址對比於第 14-1 節中，我們所確認出的第 1 頁網址：

url = 'https://search.books.com.tw/search/query/cat/all/key/python'

實際上，上述的 url 即代表著第 1 分頁的連結網址：

url = https://search.books.com.tw/search/query/cat/all/key/python/sort/1/ page/1/v/0/

不難發現，分頁網址只是在網址中再加入「/sort/1」字串、代表分頁的
「/page/2」（表第 2 頁）、「/page/3」（表第 3 頁）、/page/3」（表第 4 頁）與「/
v/0/」而已。故為編輯程式方便，重排上述字串後，若 link 分頁網址、url 表查詢
關鍵字「python」時的通用網址（即上述灰色網底的網址），則可推論，搜尋結
果之各分頁網址的通用格式應為：

link= url + '/sort/1/v/0/page/' + 頁碼

基於以上說明，若我們能取得各分頁之連結 url 的話，就可解析出各分頁到
底包含哪些書籍，最後再彙整各分頁的書籍，就可爬取出所有與「python」這個
關鍵字相關的書籍。因此，首先我們將先設計一個能解析出各分頁之連結 url 的
函式，這個函式名稱就叫做「Get_pages_link()」，其程式碼如表 14-3 所示：

表 14-3　Get_pages_link() 函式

程式檔	ex14-1.py		函式	Get_pages_link(url, page_want_to_crawl)
1	def Get_pages_link(url, page_want_to_crawl):			
2	pages_link = list()			
3	for i in range(0, int(page_want_to_crawl)):			
4	link = url + '/sort/1/v/0/page/' + str(i+1)　#i從0開始，加1後，才是頁碼			
5	pages_link.append(link)			
6				
7	return pages_link			

　　函式「Get_pages_link()」接收了由主程式（第 14-10 節中有所介紹）所傳來的 url 和 page_want_to_crawl 等兩個參數，url 為博客來網路書店對關鍵字的搜尋始網址（'https://search.books.com.tw/search/query/cat/all/key/' + keyword），而 page_want_to_crawl 則為在主程式中，可由使用者來輸入的「欲爬取頁數」。然而，當我們針對博客來網路書店進行爬蟲時，博客來網路書店可能有設計一些防爬機制，若連續兩次的請求（requests.get()）間，間隔時間太短的話，博客來網路書店的伺服器就會將該請求視為爬蟲，而不回應任何資料。此時，爬蟲程式很有可能會因無法獲取資料而產生錯誤，所以未來在程式（第 14-5 節的 get_Details() 函式）中，我們將會設定兩次的請求間之時間間隔為 60 秒。在這種情形下，雖然主程式中，已設定了允許使用者自行決定「所欲比價之書籍的頁數（一頁 20 筆）」的機制，如果使用者所輸入的頁數多的話，那麼程式的整體時間將相當長。基於此，考量執行時間因素，本程式將設定成只比價所搜尋到的前 5 筆暢銷書籍（即第一頁的前 5 筆書籍資料）而已。但是，程式中亦會保留允許由使用者自行決定爬取頁數（page_want_to_crawl）的機制。

　　在 Get_pages_link() 函式中，首先，在第 3 行的 for 這個計數迴圈中，設

定計數器從 0 開始起跳，每次跳 1，直到所欲爬取的頁數（int(page_want_to_crawl)）後停止。接著在第 4 行中，由搜尋網址 url 再組合代表分頁的「'/sort/1/v/0/page/'」字串與計數值（str(i+1)），這樣就可以求算出各個分頁的連結網址。最後，再將各分頁的網址存入「pages_link」串列中（串列內的每一個元素，就代表一個分頁的連結網址），再回傳給主程式。

14-5　取得每本書的詳細資料

　　每本書籍的基本資料有「書名」、「作者」、「出版社」、「出版日期」、「ISBN」、「價格」、「書籍介紹連結」等 7 個欄位。其中「書名」、「價格」與「書籍介紹連結」等三個欄位可以直接在搜尋結果之各分頁的 HTML 原始碼中找到，然而「作者」、「出版社」、「ISBN」與「出版日期」等四個欄位，則必須透過「書籍介紹」網頁之連結網址，才能進入到書籍介紹頁面而獲取。所以在此，我們將先介紹，若已取得「書籍介紹」網頁之連結網址的情形下，如何獲取「作者」、「出版社」、「ISBN」與「出版日期」等四個欄位資料的 get_Details() 函式，其程式碼如表 14-3。

表 14-3　get_Details() 函式

程式檔	ex14-1.py	函式	get_Details(book_url)
1	def get_Details(book_url):		
2	print('等待60秒')		
3	time.sleep(60)		
4			
5	header_dict = {'User-Agent': 'Mozilla/5.0 (Linux; Android 6.0; Nexus 5 Build/MRA58N) AppleWebKit/537.36 (KHTML, like Gecko) Chrome/70.0.3538.77 Mobile Safari/537.36'}		

6		res = requests.get(url=book_url, headers=header_dict)
7		soup = BeautifulSoup(res.text, 'lxml')
8	#	print(soup.prettify())
9		
10		details_info = soup.find('meta', attrs={"name":"description"})
11		details_list=details_info['content'].split('，')
12		if details_list != []:
13		book_detail = {}
14		for item in details_list:
15		item_list = item.split('：')
16		if len(item_list) >=2:
17		book_detail[item_list[0]]= item_list[1]
18		
19		author = book_detail['作者']
20		publisher = book_detail['出版社']
21		isbn = book_detail['ISBN']
22		date = book_detail['出版日期']
23		
24		return author, publisher, isbn, date

　　用以獲取書籍之「作者」、「出版社」、「ISBN」與「出版日期」等四個欄位資料之函式「get_Details(book_url)」的程式碼，並不算是複雜。

　　首先，為避免兩次的請求間的時間間隔太短，我們強制性的使用「time.sleep(60)」命令（第 3 行），讓程式對伺服器的請求能間隔 60 秒（主程式須先 import time 模組）。接著，get_Details() 函式透過原呼叫程式（第 14-7 節中

的 Parse_Get_MetaData() 函式）傳來的「書籍介紹」網頁之連結網址（book_url），對伺服器發出請求，以獲取書籍介紹頁面的 BeautifulSoup 物件 soup（第 5-7 行）。當然，這個「書籍介紹」網頁之連結網址是經由各搜尋結果分頁所解析出來的（Parse_Get_MetaData() 函式的第 12 行）。書籍介紹頁面若以瀏覽器觀看的話，其畫面如圖 14-3。

圖 14-3　書籍介紹頁面

　　get_Details() 函式中第 8 行，利用「print(soup.prettify())」可以印出書籍介紹頁面的 HTML 原始碼。但若使用 Visual Studio Code 來觀察伺服器所回應 HTML 原始碼的內容並不方便，因此，我們將獲取「書籍介紹」網頁之 HTML 原始碼的程式（第 5-7 行），複製到 Jupyter Notebook 中來進行測試。經測試後，所獲得的 HTML 原始碼之內容，如圖 14-4 所示。

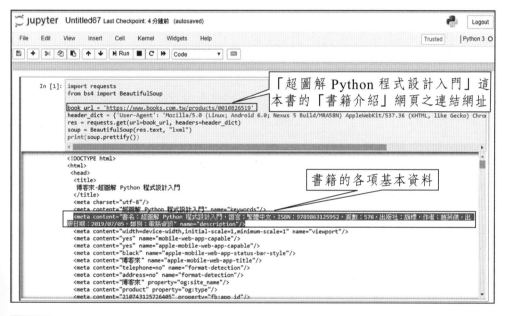

圖 14-4　書籍介紹頁面的 HTML 原始碼

　　過去我們常用 HTML 原始碼的內容並運用 DOM 文件樹來萃取所需資料，且這些資料通常都在 HTML 原始碼的標籤 <body> 與 </body> 區塊間。但是博客來網路書店的網頁設計技巧比較特殊，觀察圖 14-4 即可發現，「書籍介紹」網頁之 HTML 原始碼的 <head> 與 </head> 區塊中，存在許多的 <meta> 標籤，這些 <meta> 區塊中包含了各種資訊。其中，屬性「name="description"」的 <meta> 區塊中，就包含著書籍的各項詳細基本資料。雖然，在顯示頁面內容的 <body>

與 `</body>` 區塊間中，也會有書籍的這些詳細基本資料，但在此，我們將嘗試利用 BeautifulSoup 物件來萃取出「`<meta ………, name="description" />`」標籤中的資料。

因此，在「get_Details()」函式的第 10 行中，我們將利用 find 方法找尋「name」屬性為「"description"」的 `<meta>` 區塊。因為這個 `<meta>` 區塊中，就包含著我們所需要的書籍基本資料。找到後，就將這個 `<meta>` 區塊以字串型態，存入「details_info」變數中。故「details_info」變數的值會是 `<meta>` 區塊的字串，如下：

```
<meta content="書名：超圖解 Python 程式設計入門，語言：繁體中文，ISBN：
9789863125952，頁數：576，出版社：旗標，作者：趙英傑，出版日期：2019/07/05，
類別：電腦資訊" name="description"/>
```

觀察上列的 `<meta>` 區塊，明顯的，書籍各項基本資料之欄位名稱與其值皆放在 `<meta>` 標籤的屬性「content」中，且以「，」（全形）來區隔各項基本。為便於提取資料，所以在程式的第 11 行中，先以「details_info['content']」把所有的基本資料提取出來，然後再以「split('，')」分割各項基本資料，最後再以串列型態，將各項基本資料依序存入「details_list」串列中。分割完成後，「details_list」串列的各元素內容如下：

```
['書名：超圖解 Python 程式設計入門',
 '語言：繁體中文',
 'ISBN：9789863125952',
 '頁數：576',
 '出版社：旗標',
 '作者：趙英傑',
 '出版日期：2019/07/05',
 '類別：電腦資訊']
```

　　各項基本資料中，因為都包含欄位名稱與值，故若能將「details_list」串列中的各元素轉換為字典型態的話，則未來提取各項基本資料時會更方便、更有效率。因此，在程式的第 12-17 行中，我們使用遍歷技術將「details_list」串列中的每一個元素轉入字典「book_detail」中。首先，以「：」（全形）為分隔，將「details_list」串列中的每一個元素分割成字典的鍵（即'：'之前的字串，代表欄位名）與值（即'：'之後，代表基本資料值）兩部分，並暫存入「item_list」這個串列中。「item_list」串列的長度若小於 2，則代表資料有遺漏值（不是缺鍵，就是缺值），這會造成爬蟲程式報錯。故只有當長度大於等於 2 時，才將「item_list」串列的第一個元素（item_list[0]，代表鍵）與第二個元素（item_list[1]，代表值）組成字典的鍵值對。

　　最後，於第 19 行至第 22 行分別提取出「作者」（author）、「出版社」（publisher）、「ISBN」（isbn）與「出版日期」（date）等四個欄位的值，而存入相對應的變數名稱中。再將這些代表書籍之各項基本資料的變數，回傳給原呼叫程式。

14-6　取得每本書於誠品、金石堂的價格

　　在第 14-5 節中，我們已取得書籍流通於市場的標準編號「ISBN」碼。有這個標準碼，就可以精確且簡單的在誠品、金石堂等網路書店中，查詢到該書籍的價格。

　　首先，我們需確認使用「ISBN」碼進行查詢時，誠品、金石堂等網路書店的確切搜尋網址。經實際使用瀏覽器搜尋「ISBN」碼（以 9789863125952 為例）後，確認兩家網路書店的搜尋網址如下：

誠品書店
http://www.eslite.com/Search_BW.aspx?query=9789863125952
金石堂書店
https://www.kingstone.com.tw/search/result.asp?c_name=9789863125952&se_type=4

　　上述搜尋網址，於程式編碼時，為因應不同的「ISBN」碼查詢書籍，故需將「ISBN」碼視為變數，於是程式編碼上，各搜尋網址應採用通用格式，如下：

誠品書店
url1 = 'http://www.eslite.com/Search_BW.aspx?query='+isbn
金石堂書店
url2 = 'https://www.kingstone.com.tw/search/result.asp?c_name={0}&se_type=4'.format(isbn)

　　確認誠品、金石堂之搜尋網址的通用格式後，就可編寫程式而利用指定書籍的「ISBN」碼進行價格查詢了，取得誠品、金石堂中書籍價格的程式名稱為「get_prices()」函式，其程式碼如表 14-4 所示。

表 14-4　get_prices() 函式

程式檔	ex14-1.py		函式	get_prices(isbn)
1	def get_prices(isbn):			
2	price1, price2 = 0, 0			
3	url1 = 'http://www.eslite.com/Search_BW.aspx?query='+isbn			
4	soup1 = Get_PageContent(url1)			
5	if soup1.find_all('span', class_='number'):			
6	if len(soup1.find_all('span', class_='number')) < 2:			
7	price1 = soup1.find_all('span', class_='number')[0].text			
8	else:			

9	price1 = soup1.find_all('span', class_='number')[1].text
10	else:
11	price1 = '本店無此書籍'
12	
13	url2 = 'https://www.kingstone.com.tw/search/result.asp?c_name={0}&se_type=4'.format(isbn)
14	soup2 = Get_PageContent(url2)
15	if soup2.select('span.price > span'):
16	price2 = soup2.select('span.price > span')[0].text
17	else:
18	price2 = '本店無此書籍'
19	
20	return price1, price2

　　首先，藉由原呼叫程式所傳來的「ISBN」碼（isbn），於程式的第 3-11 行中取得指定書籍於誠品書店中的價格。建議讀者欲從誠品書店之搜尋結果網頁中取得價格時，仍得於 Jupyter Notebook 中來進行測試。經測試後，所獲得之搜尋結果網頁的 HTML 原始碼，如圖 14-5 所示。

圖 14-5　取得搜尋結果網頁的 HTML 原始碼

　　取得搜尋結果網頁的 HTML 原始碼後，將該 HTML 原始碼複製到「Live DOM Viewer」製作該搜尋結果網頁的 DOM 文件樹。製作時，讀者須注意除刪除 <head> 與 </head> 間的區塊，尚須刪除 <body> 之下的 <!-- Google Tag Manager --> 與 <!-- End Google Tag Manager --> 間的區塊，這樣才能製作出正確的 DOM 文件樹（部分），如圖 14-6 所示。

　　觀察圖 14-6 DOM 文件樹，可發現書籍的售價在「SPAN class="number"」Tag 區塊中。但是篩選該 Tag 區塊時，會得到兩個結果，一個是「折扣」的訊息，另一個才是我們所要的「售價」。另外，經測試，若指定商品並無打折時，則篩選該 Tag 區塊時，就只會得到一個結果，即「售價」。根據此邏輯，編輯程式碼第 5 行至第 11 行。當執行「find_all('span', class_='number')」後，若無搜尋到任何結果，則代表該書籍在誠品書店中並無販賣。若有結果，且是二個時，則代表有打折，第二個找到的結果即「find_all('span', class_='number')[1].text」才是指定

書籍在誠品書店的真實售價（price1），否則即代表沒有打折，「find_all('span', class_='number')[0].text」就是售價（price1）了。

```
└DIV class="info"
 ├#text:
 ├P class="title"
 │ └#text: 超圖解Python程式設計入門
 ├#text:
 ├P class="detail"
 │ └#text: 作者: 趙英傑
 ├#text:
 ├P class="detail"
 │ └#text: 出版社: 旗標科技股份有限公司
 ├#text:
 └DIV class="price"
  ├#text:
  ├P
  │ ├#text: 定價: NT
  │ ├DEL
  │ │ └#text: 650
  │ └#text: 元
  ├#text:
  └P
   ├#text: 售價
   ├SPAN class="number"
   │ └#text: 79
   ├#text: 折, NT
   ├SPAN class="number"
   │ └#text: 514
   └#text: 元
```

圖 14-6　誠品書店中，搜尋書籍頁面的 DOM 文件樹

其次，在金石堂中搜尋指定書籍的價格（程式第 13-18 行）。搜尋結果網頁的 DOM 文件樹，如圖 14-7。觀察圖 14-7，價格資料在「SPAN class="price"」Tag 區塊內的「SPAN」Tag 中可以找到。因此在第 15 行中，以「select('span.price > span')」的方式進行搜尋，就可直接找到售價（price2）資料。至此，指定書籍於誠品的售價（price1）與在金石堂的售價（price2）皆可輕鬆獲得，最後再將此兩售價回傳原呼叫程式。

```
└DIV class="txt"
 ├#text:
 ├SPAN class="detailInfo"
 │ └#text:
 ├#text:
 ├A class="name" href="/mobile/product.asp?km_code=2013120510258&actid=wise_mobile"
 │ └#text: 超圖解Python 程式設計入門
 ├#text:
 └SPAN class="price"
   ├#text:
   ├B
   │ └#text: 88
   ├#text: 折
   ├SPAN
   │ └#text: 572
   └#text: 元
```

圖 14-7   金石堂書店中，搜尋書籍頁面的 DOM 文件樹

14-7   取得分頁中各書籍的其它基本資料與比價資料

在博客來網路書店中，以關鍵字查詢書籍時，搜尋結果會以分頁（每頁 20 本書）的方式來顯示。所以，在此將編寫一個能把各分頁中的 20 本書之基本資料與比價資料爬取出來的函式。將來只要再彙整各分頁的資料，就可完成爬蟲任務了。分頁中 20 本書之基本資料與比價資料之爬取函式 Parse_Get_MetaData() 的程式碼，如表 14-5 所示。

表 14-5   Parse_Get_MetaData() 函式

程式檔	ex14-1.py	函式	Parse_Get_MetaData(link)
1	def Parse_Get_MetaData(link):		
2	url = link		
3	soup = Get_PageContent(url) # 取得各分頁的HTML原始碼		

4	
5	keyword = url[url.find('key/')+4:url.find('/sort')].lower()　# 從分頁的URL，取出關鍵字
6	seg_keyword = [t for t in jieba.cut(keyword, cut_all=False)]　# 把關鍵字斷字，取出詞彙
7	
8	book_count = 1
9	page_books = list()
10	for item in soup.select('.item'):
11	title = item.find('img')['alt'].lower()　　　# 取得書名
12	seg_title = [t for t in jieba.cut(title, cut_all=False)]　# 把書名斷字，取出詞彙
13	if set(seg_keyword).issubset(seg_title):　# 關鍵字詞彙是否包含於書名詞彙中
14	author, publisher, isbn, date = get_Details('https:'+item.find('a')['href'])
15	if isbn != None:
16	price1, price2 = get_prices(isbn)　# 取得比價資料
17	else:
18	price1 = 0
19	price2 = 0
20	
21	page_books.append({ 　　　　　　'書名': title, 　　　　　　'作者':author,　　　　　# 取自 get_Details() 　　　　　　'出版社':publisher,　　　# 取自 get_Details() 　　　　　　'出版日期':date,　　　　# 取自 get_Details() 　　　　　　'ISBN':isbn,　　　　　　# 取自 get_Details() 　　　　　　'博客來價格':item.select('.price > b')[0].text, 　　　　　　'誠品價格':price1,　　　# 取自 get_prices() 　　　　　　'金石堂價格':price2,　　# 取自 get_prices() 　　　　　　'書籍介紹連結':'https:'+item.find('a')['href'] 　　　　　　})

22	if book_count > 5:
23	break
24	
25	return page_books

　　「Parse_Get_MetaData()」函式稍微有點複雜，但邏輯還算簡單。首先，取得原呼叫程式（第 14-8 節中的 Get_Books()）所傳入的分頁連結網址，然後向伺服器發出請求，取得 BeautifulSoup 物件，於測試結果如圖 14-8，其 DOM 文件樹如圖 14-9 所示。

圖 14-8　取得搜尋結果的 HTML 原始碼

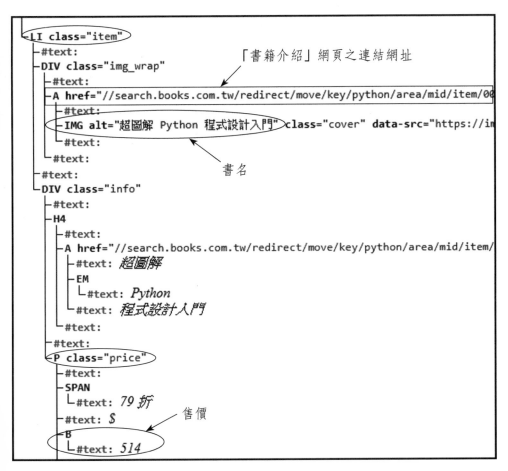

圖 14-9　分頁資料的 DOM 文件樹

　　由觀察圖 14-9 可知，分頁中每本書籍的基本資料皆放在「LI class="item"」的 Tag 區塊中。一般而言，每本書籍的基本資料有「書名」、「作者」、「出版社」、「出版日期」、「ISBN」、「價格」、「書籍介紹連結」等 7 個欄位。其中「作者」、「出版社」、「ISBN」與「出版日期」等四個欄位，在先前第 14-5 節中，我們已經透過 get_Details() 函式而取得了。所以，Parse_Get_

MetaData() 函式中將只爬取「書名」（item.find('img')['alt']）、「價格」（item.select（'.price > b')[0].text）與「書籍介紹連結」（item.find('a')['href']）等三個欄位即可。

　　程式第 5-6 行，從原呼叫程式傳來分頁的 url 網址中，我們使用字串操作技術取出先前使用者所輸入的關鍵字（keyword），其主要目的是為了要對書籍進行較為精確的篩選。或許讀者都有這樣的經驗，當你輸入關鍵字去搜尋書籍或商品時，卻也會搜尋出一些和關鍵字之相關性不是那麼強的書籍或商品。這樣的情形在爬蟲中，只是耗費執行時間而已。所以，在本函式中，我們將運用一個稱為「jieba」的模組，針對關鍵字與書籍名稱進行斷字處理後，再來精確比對，以確保能找出與關鍵字相關性較強的書籍。

　　使用「jieba」模組前要先安裝，安裝好後須匯入（import）。jieba，中文叫做結巴，是一種專門用於中文斷詞的套件，使用上非常容易，可於短時間內就輕易上手。

　　結巴的斷詞可分成兩種模式，精準模式和全斷詞模式。使用精準模式時，只會找到系統所演算出的最精準的可能斷詞；而全斷詞模式則是把所有可能的斷詞全部予以列出來。一般情形下，若需斷詞的文件不太長的話，建議使用全斷詞模式。如下面的例子：

```
import jieba

print([t for t in jieba.cut('下雨天留客天留我不留', cut_all=False)])　# 精準模式
print([t for t in jieba.cut('下雨天留客天留我不留', cut_all=True)])　 # 全斷詞模式
```

　　其結果為：

```
['下雨天', '留客', '天留', '我', '不留']
['下雨', '下雨天', '雨天', '留客', '天', '留', '我', '不留']
```

　　上列的輸出結果即為精準模式；而下列的輸出結果則為全斷詞模式。「jieba」使用「cut(str)」方法，就可將字串（str）斷詞。甚至斷詞後，也可將所有詞彙依序存入指定串列中。

　　具備「jieba」套件的基本知識後，由於程式第 5 行可以解析出使用者所輸入的關鍵字（keyword），再由第 6 行利用「jieba.cut(keyword, cut_all=False)」，就可以將 keyword 以精準模式進行斷詞，然後採遍歷技術，一一將詞彙存入 seg_keyword 串列中。

　　接下來，如第 14-4 節中，對有關博客來網路書店連續兩次請求間的間隔時間與程式之總體執行時間考量，雖然爬蟲程式可搜尋出 121 個分頁，每個分頁都具有 20 本書，我們也可以比價所有的 2402 本書籍，但是這樣太耗時了。基於此，本程式將設定成只比價所搜尋到的前 5 筆暢銷書籍（即第一頁的前 5 筆書籍資料）而已。因此，在程式的第 8 行，我們設置了一個控制書籍數的計數變數 book_count，而在第 22 行，進行了只取出 5 筆暢銷書籍的決策。

　　然後，程式的第 10 行，以「soup.select('.item')」搭配遍歷技術，即可取得指定分頁中，每一本書籍的基本資料，這些基本資料包含：書名（item.find('img')['alt']）、價格（item.select('.price > b')[0].text）與書籍之介紹的連結（item.find('a')['href']）。

　　在程式的第 9-19 行中，先遍歷「soup.select('.item')」中所包含的每一本書籍（20 本），逐一取得書名（title）後，隨即針對書名進行斷詞。斷詞完成後將詞彙存入 seg_title 串列中，以便進行精確搜尋。精確搜尋時，將比對關鍵字的所有斷詞是否都包含於書名的斷詞中，也就是要去判斷 seg_keyword 是否為 seg_title 的子集合（第 10 行至第 13 行）。判斷是否為子集合時將使用「set(seg_keyword).issubset(seg_title)」方式，前面的 seg_keyword 必須先轉為集合（set），後面的 seg_title 則不用，因為「issubset()」會自動將它轉為集合。

　　判斷後，若 seg_keyword 不是 seg_title 的子集合，則這本書放棄，即不進行比價、也不進行其它基本資料的爬取。若 seg_keyword 為 seg_title 的子集合，則

代表關鍵字全都包含在書名當中了，那麼這本書就是我們要爬取且進行比價的書籍，這就是本書所謂的精確搜尋之意義。

爬取書籍資料時，於第 14 行，先找到指定「書籍介紹」網頁的連結（'https:'+item.find('a')['href']），然後調用「get_Details」函式，就可取得作者（author）、出版社（publisher）、isbn 與出版日期（date）等四項基本資料了（參考第 14-5 節）。接著，於第 15 行至第 19 行，利用 isbn 調用「get_prices()」函式，以取得指定書籍於誠品、金石堂的售價（price1、price2）。

最後，於第 21 行，將所獲取的書籍資料依序存入「page_books」串列中，「page_books」串列中的每一元素即是代表一本書。且書籍資料是以字典型態存放，共有 9 個鍵值對，分別為書名、作者、出版社、出版日期、ISBN、博客來價格、誠品價格、金石堂價格與書籍介紹連結。此外，由於這裡所獲得的資料，只是分頁內所包含的書籍而已，因此「page_books」串列中理應會有 20 個元素。但是，如前所述，考量執行時間因素，我們將只爬取前 5 大暢銷書籍，故在第 22 行，以 book_count 變數控制爬取的書籍數量。最終將「page_books」串列傳回原呼叫程式（第 14-8 節中的 Get_Books()），以彙整所有搜尋到的書籍比價資料。

14-8 彙整所有書籍資料

爬蟲程式藉由「Parse_Get_MetaData()」函式，可以取得各分頁內的所有書籍資訊（每頁 20 本），這些資訊包含書名、作者、出版社、出版日期、ISBN、博客來價格、誠品價格、金石堂價格與書籍介紹連結。若能將這些分頁資訊全都彙整起來，那麼書籍比價的爬蟲程式就完成了。故必須再製作一個具有彙總能力的函式（Get_Books() 函式），其程式碼如表 14-6 所示。

表 14-6 Get_Books() 函式

程式檔	ex14-1.py		函式	Get_Books (pages_link)
1	def Get_Books(pages_link):			
2	with Pool(cpu) as p:			
3	pages_books_list = p.map(Parse_Get_MetaData, pages_link) # 彙總各分頁資料			
4				
5	all_books_list = list()			
6	for each_page in pages_books_list:　　# 取出每個分頁資料			
7	for each_book in each_page:　　# 取出每本書			
8	all_books_list.append(each_book)			
9				
10	return all_books_list			

在「Get_Books()」函式中，由呼叫程式傳入了由第 14-4 節的 Get_pages_link() 函式所傳回的 pages_link 串列（所有書籍的連結）後，從 pages_link 串列中取出各分頁的連結。隨即以平行作業處理方式（請參考第 12-9 節），逐次的呼叫「Parse_Get_MetaData()」函式，以取出各分頁內每本書的詳細基本資料（利用於 Parse_Get_MetaData() 函式中，呼叫 get_Details() 函式與 get_prices() 函式），並將各分頁的書籍基本資料，依順序存入 pages_books_list 串列中（第 2 行至第 3 行）。pages_books_list 串列中，每一個元素即代表一個分頁內的 20 本書籍資料（在本範例中，只包含第 1 頁的前 5 大暢銷書籍）。

接著，利用外層 for 迴圈遍歷 pages_books_list 串列的所有分頁資料，再利用內層迴圈遍歷每個分頁中的每本書籍資料，然後將每本書籍資料逐一的存入 all_books_list 串列中，這樣就可彙總所有書籍的所有資訊內容與比價結果了（第 5 行至第 8 行）。

14-9 將書籍比價資料，存入 Excel 檔案中

　　至此，所有爬取的書籍比價資料皆已彙總完畢，並已存入 all_books_list 串列中。接下來，為利於資料分析或檢索，將把 all_books_list 串列中的所有書籍資料傳給「Save2Excel()」函式處理，然後存入 Excel 檔案（my_books.xlsx）中。將串列資料轉存 Excel 檔的方法已於第 11-5 節中做過詳細說明，在此不再贅述。其程式碼如表 14-7 所示。

表 14-7　Save2Excel() 函式

程式檔	ex14-1.py		函式	Save2Excel(books)
1	def Save2Excel(books):			
2	titles = [entry['書名'] for entry in books]			
3	author = [entry['作者'] for entry in books]			
4	publisher = [entry['出版社'] for entry in books]			
5	date = [entry['出版日期'] for entry in books]			
6	isbn = [entry['ISBN'] for entry in books]			
7	twb_price = [entry['博客來價格'] for entry in books]			
8	esl_price = [entry['誠品價格'] for entry in books]			
9	kin_price = [entry['金石堂價格'] for entry in books]			
10	book_link = [entry['書籍介紹連結'] for entry in books]			
11				
12	df = DataFrame({ 　　'書名':titles, 　　'作者':author, 　　'出版社':publisher, 　　'出版日期':date, 　　'ISBN':isbn, 　　'博客來價格':twb_price, 　　'誠品價格':esl_price, 　　'金石堂價格':kin_price, 　　'書籍介紹連結':book_link 　　})			

13	
14	df.to_excel('my_books.xlsx', sheet_name='sheet1', columns=['書名', '作者', '出版社', '出版日期', 'ISBN', '博客來價格', '誠品價格', '金石堂價格', '書籍介紹連結'])

14-10　建立主程式

從第 14-2 節至第 14-9 節，我們介紹了「書籍比價」爬蟲的各種函式功能後，最後我們將彙整這些函式，也就是必須編輯主程式「main()」的程式碼。本節中的主程式內容也和第 11-6 節類似。其程式碼如表 14-8 所示。

表 14-8　main() 函式

程式檔	ex14-1.py	函式	main()
1	import time
2	import requests
3	from bs4 import BeautifulSoup
4	from pandas import DataFrame
5	import jieba
6	import multiprocessing
7	from multiprocessing import Pool
8	cpu = multiprocessing.cpu_count()
9	
10	def main():
11	print('\n===============程式開始======================\n')
12	keyword=input('請輸入欲查詢之書本的關鍵字... : ')

13	url = 'http://search.books.com.tw/search/query/cat/all/key/' + keyword
14	total_book_num, total_page_num = Get_TotalPageNum(url)
15	print('\n可查詢到 {} 本，共 {} 頁的相關書籍。'.format(total_book_num, total_page_num))
16	print('\n最暢銷5本 {} 書籍之比價開始......'.format(keyword))
17	
18	page_want_to_crawl = 1
19	#產生各分頁連結之url
20	pages_link = Get_pages_link(url, page_want_to_crawl)
21	
22	print('\n計算中，請稍候……')
23	start = time.time()
24	
25	#取得所有書籍的比價結果
26	get_books = Get_Books(pages_link)
27	
28	print('\n已取得所需書籍資料，執行時間共 {} 秒。'.format(time.time()-start))
29	Save2Excel(get_books)
30	
31	print('\n====比價資料已順利取得，並已存入my_books.xlsx中====\n')

　　首先匯入必要的套件（第1行至第7行），須特別注意的是，為了將來能進行精確搜尋，在此預先匯入 jieba 套件。此外，由於本爬蟲將使用平行處理技術，因此在第8行中也先設定進程池中之工作進程的數量等於 cpu 核數。

　　在「main()」函式的第12行中，首先由使用者輸入書籍關鍵字（keyword），然後基於此 keyword，建立搜尋結果頁之 url 網址（第13行）。

在第 14 行，調用「Get_TotalPageNum(url)」函式，以獲取所搜尋到之書籍的總數量（total_book_num）與分頁數量（total_page_num）。

由於考量執行程式的時間成本，我們將只比價博客來網路書店中的前 5 大暢銷書，也就是只比價搜尋結果之第 1 頁的前 5 大暢銷書籍。故在此，將所欲爬取的頁數（變數 page_want_to_crawl）直接設定為 1（第 18 行）。

首先於第 20 行使用「Get_pages_link()」函式取得關鍵字搜尋後，各結果分頁的連結。取得各分頁的連結（pages_link）後，於第 26 行，調用「Get_Books()」函式，該函式會開始爬取各分頁之書籍資料與比價，再彙整所有的書籍資料而存入 get_books 變數中，最後，再調用「Save2Excel()」而將這些完整的書籍資料存入「my_books.xlsx」中。

最後，執行本爬蟲程式看看，執行結果所獲得的書籍資料確實已能存入 my_books.xlsx 中了。如圖 14-10。

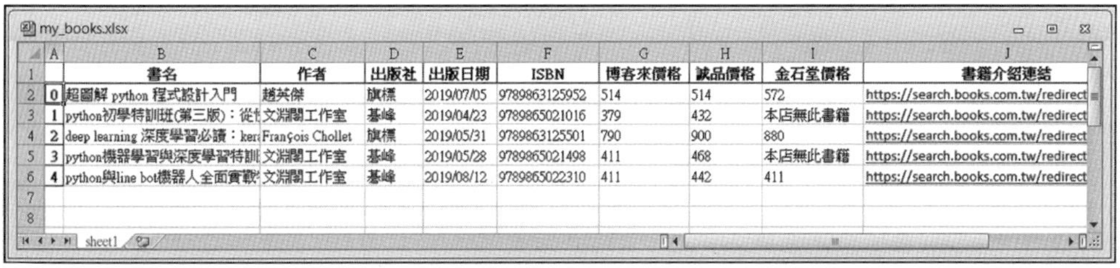
my_books.xlsx

	A	B	C	D	E	F	G	H	I	J
1		書名	作者	出版社	出版日期	ISBN	博客來價格	誠品價格	金石堂價格	書籍介紹連結
2	0	超圖解 python 程式設計入門	趙英傑	旗標	2019/07/05	9789863125952	514	514	572	https://search.books.com.tw/redirect
3	1	python初學特訓班(第三版)：從	文淵閣工作室	碁峰	2019/04/23	9789865021016	379	432	本店無此書籍	https://search.books.com.tw/redirect
4	2	deep learning 深度學習必讀：ker	François Chollet	旗標	2019/05/31	9789863125501	790	900	880	https://search.books.com.tw/redirect
5	3	python機器學習與深度學習特訓	文淵閣工作室	碁峰	2019/05/28	9789865021498	411	468	本店無此書籍	https://search.books.com.tw/redirect
6	4	python與line bot機器人全面實戰	文淵閣工作室	碁峰	2019/08/12	9789865022310	411	442	411	https://search.books.com.tw/redirect
7										
8										

sheet1

圖 14-10 書籍比價結果（my_books.xlsx）

此外，如果不考量執行程式的時間成本，而允許使用者自行決定要比價的書籍數的話，那麼主程式的程式碼應如表 14-8 所示。

表 14-9 main() 函式

程式檔	ex14-2.py	函式	main()
1	import time		
2	import requests		
3	from bs4 import BeautifulSoup		
4	from pandas import DataFrame		
5	import jieba		
6	import multiprocessing		
7	from multiprocessing import Pool		
8	cpu = multiprocessing.cpu_count()		
9			
10	def main():		
11	print('\n===============程式開始=====================\n')		
12	keyword=input('請輸入欲查詢之書本的關鍵字... : ')		
13	url = 'http://search.books.com.tw/search/query/cat/all/key/' + keyword		
14	total_book_num, total_page_num = Get_TotalPageNum(url)		
15	print('\n可查詢到 {} 本，共 {} 頁的相關書籍。'.format(total_book_num, total_page_num))		
16			
17	page_want_to_crawl = input('一頁有20本書籍，請問你要爬取多少頁？')		
18	if page_want_to_crawl == '' or not page_want_to_crawl.isdigit() or int(page_want_to_crawl) <= 0:		
19	print('\n所欲爬取的頁數輸入錯誤，離開程式……')		
20	print('\n===============程式結束=====================\n')		
21	else:		
22	page_want_to_crawl = min(int(page_want_to_crawl), int(total_page_num))		
23	pages_link = Get_pages_link(url, page_want_to_crawl)		

24	print('\n計算中，請稍候……')
25	
26	start = time.time()
27	get_books = Get_Books(pages_link)
28	print('\n已取得所需書籍資料，執行時間共 {} 秒。'.format(time.time()-start))
29	
30	Save2Excel(get_books)
31	print('\n====比價資料已順利取得，並已存入my_books.xlsx中====\n')

在「main()」的第 12 行中，首先由使用者輸入書籍關鍵字（keyword），然後基於此 keyword，建立搜尋結果頁之 url（第 13 行）。

在第 14 行，調用「Get_TotalPageNum(url)」函式以獲取所蒐尋到之書籍的數量（total_book_num）與分頁數量（total_page_num）。

待使用者所輸入的爬取頁數無誤後，程式即開始依頁數爬取書籍資料。首先於第 23 行使用「Get_pages_link()」函式取得各分頁的連結。取得各分頁的連結（pages_link）後，於第 27 行，調用「Get_Books()」函式，該函式會開始爬取各分頁之書籍資料與比價，再彙整所有的書籍資料而存入 get_books 變數中，最後，再調用「Save2Excel()」以將這些完整的書籍資料存入「my_books.xlsx」中。

最後，執行本爬蟲程式看看，執行結果所獲得的書籍資料確實已能存入 my_books.xlsx 中。如圖 14-11。

	A	B	C	D	E	F	G	H	I	
1		書名	作者	出版社	出版日期	ISBN	博客來價格	誠品價格	金石堂價格	書籍介紹連結
2	0	python大數據特訓班：資料自動化收集	文淵閣工作室	碁峰	2018/07/11	9789864768561	356	405	356	https://search.books.com.tw/redirect/move/
3	1	python：網路爬蟲與資料分析入門資料	林俊瑋,林修博	博碩	2018/10/04	9789864343386	356	405	356	https://search.books.com.tw/redirect/move/
4	2	練好機器學習的基本功：用python進行	立石賢吾	碁峰	2018/08/31	9789864768981	356	405	356	https://search.books.com.tw/redirect/move/
5	3	python資料分析 第二版	Wes McKinney	歐萊禮	2018/10/03	9789864769254	695	792	695	https://search.books.com.tw/redirect/move/
6	4	python機器學習(第二版)	Sebastian Raschka, Va	博碩	2018/08/30	9789864343324	545	621	545	https://search.books.com.tw/redirect/move/
7	5	類神經網路實戰：使用python	Tariq Rashid	博碩	2018/10/12	9789864343355	378	378	332	https://search.books.com.tw/redirect/move/
8	6	網站擷取：使用python(二版)	Ryan Mitchell	歐萊禮	2018/10/09	9789864769261	458	493	458	https://search.books.com.tw/redirect/move/
9	7	deep learning：用python進行深度學習	齋藤康毅	歐萊禮	2017/08/17	9789864764846	458	522	458	https://search.books.com.tw/redirect/move/
10	8	精通 python：運用簡單的套件進行現	Bill Lubanovic	歐萊禮	2015/09/22	9789863477310	616	702	616	https://search.books.com.tw/redirect/move/
11	9	用python學程式設計運算思維(收錄mt	李啟龍	碁峰	2018/06/26	9789864768288	332	378	332	https://search.books.com.tw/redirect/move/
12	10	python 自動化的樂趣：搞定重複煩碎	Al Sweigart	碁峰	2016/12/29	9789864762729	395	450	395	https://search.books.com.tw/redirect/move/
13	11	python入門邁向高手之路王者歸來(附	洪錦魁	深石	2017/12/21	9789865000592	552	629	552	https://search.books.com.tw/redirect/move/
14	12	python初學特訓班(增訂版)(附250分鐘	文淵閣工作室/編著	碁峰	2017/07/11	9789864764907	379	432	379	https://search.books.com.tw/redirect/move/
15	13	python零基礎入門班：一次打好程式	鄧文淵,文淵閣工作	碁峰	2018/10/25	9789864766222	308	351	308	https://search.books.com.tw/redirect/move/
16	14	python超零基礎最快樂學習之路：王	洪錦魁	深石	2018/10/15	9789865002879	316	340	316	https://search.books.com.tw/redirect/move/
17	15	python網頁程式交易app實作：web + m	林萍珍	博碩	2018/08/01	9789864343171	545	621	545	https://search.books.com.tw/redirect/move/
18	16	python零基礎入門班(含mta python國際	文淵閣工作室,鄧文	碁峰	2018/07/13	9789864768677	332	378	332	https://search.books.com.tw/redirect/move/
19	17	python gui設計活用tkinter之路王者歸	洪錦魁	深石	2018/08/15	9789865002527	458	522	458	https://search.books.com.tw/redirect/move/

圖 14-11 完整的書籍比價結果（my_books.xlsx）

Chapter

15

製作文字雲

　　本節中，將爬取「PTT 政黑版」中各 PO 文的發言內容，然後製作文字雲。許多 Python 程式設計的學習者，其初衷往往是爲了能進行大數據分析。一般而言，數據可分爲兩種類型，一爲屬量化研究（quantitative research）的數值資料；另一爲屬質性研究（qualitative research）的文字資料。對於數值性資料的大數據分析，其應用面廣，分析工具也多，故較爲常見。然而對文字資料的分析，由於可運用的分析工具，相對較少，故其應用面較具侷限性。雖是如此，質性的文字性資料研究，能探索事件較深層的意涵或價值，這也是量化研究所無法比擬的。畢竟對於心理層面的概念，或人類深層的思維等，是很難運用量化方法而加以解析的。

15-1　簡介

　　本節中，所將介紹的文字雲就是一種質性之文字性資料的分析工具。文字雲是種關鍵詞的視覺化描述方法，用於匯總、解析使用者想探索其深層意涵的文字內容。文字雲可將文字內容（如訪談稿、社群網站的發言內容等）透過適當的斷詞技術，萃取出包含於文字內容中的詞彙並統計各詞彙的出現頻率，據以透過改變字體大小或顏色等方式，來視覺化的表現出某些詞彙的重要性或諸多詞彙間所共同隱喻的意涵。

　　由於「PTT 政黑版」使用者眾多，且使用者也常熱衷於此版，而提出個人對時事的看法。因此，「PTT 政黑版」的發言內容也常帶領著時事的風向，是不少政治人物或時事評論者評估某些特定事件之風向的重要參考指標之一。基於此，本節將示範如何爬取「PTT 政黑版」中各 PO 文的發言內容，並根據發言內容中所包含的詞彙而製作文字雲，以探索普羅大眾對時事之看法的趨勢。

　　在第 13 章中，我們曾製作過「PTT 八卦版」的爬蟲程式（ex13-1.py）。基本上，「PTT 政黑版」之爬蟲程式的編寫過程與「PTT 八卦版」並無差異性。甚至只要在表 13-9 中，第 10 行的程式碼由「BOARD_URL = '/bbs/gossiping/'」改

爲「PTT 政黑版」的版名「BOARD_URL = '/bbs/hatepolitics/'」，就可完成「PTT 政黑版」的爬蟲程式了。但在此，我們將不以這種方式來製作爬蟲程式。我們要示範如何於程式中，匯入、調用其它程式已製作完成的諸多函式。但是匯入「PTT 八卦版」的爬蟲程式前，請將「ex13-1.py」另存新檔爲「Ptt_Gossiping.py」，以便在調用過程中，更能從檔名而知其義。

　　此外，製作文字雲（DrawWordCloud.py）與繪製詞彙出現頻率長條圖（DrawBarChart.py）的程式碼也已編寫完成，如同「PTT 八卦版」的爬蟲程式（Ptt_Gossiping.py），我們也將使用匯入的方式來調用包含於「DrawWordCloud.py」與「DrawBarChart.py」中的函式，以協助繪製文字雲與長條圖。

15-2　建立主程式

　　「PTT 政黑版」之爬蟲程式的主程式「main()」的程式碼，如表 15-1 所示。表 15-1 的 main() 函式中，除了第 18 行的「Get_All_contents(posts_data)」函式尚須再另行編寫外，其餘的函式皆已在其它程式中製作完成，故使用這些函式前須先匯入，如第 1 行至第 3 行。匯入其它程式時，只須「import 檔名」即可（不須副檔名「.py」）。在此匯入了三支程式「Ptt_Gossiping」（八卦版的爬蟲程式，同 ex13-1.py）、「DrawWordCloud」（繪製文字雲程式）與「DrawBarChart」（繪製長條圖程式）。由於這些程式都具有如下的程式碼：

```
if __name__ == '__main__':
    main()
```

　　所以將來匯入後，這些程式除了「main()」的部分不會被調用外，其餘函式皆可依「ex15-1.py」的需要，而自由調用。

表 15-1 main() 函式

程式檔	ex15-1.py	函式	main()
1	import Ptt_Gossiping		
2	import DrawWordCloud		
3	import DrawBarChart		
4			
5	def main():		
6	BOARD_URL = '/bbs/hatepolitics/'		
7	total_page_num = Ptt_Gossiping.Get_TotalPageNum(BOARD_URL)		
8	print('政黑版目前總共有 {} 頁。'.format(total_page_num))		
9			
10	page_want_to_crawl = input('請問你打算爬取幾頁?')		
11	if page_want_to_crawl == '' or not page_want_to_crawl.isdigit() or int(page_want_to_crawl) <= 0:		
12	print('\n所欲爬取的頁數輸入錯誤,離開程式⋯⋯')		
13	else:		
14	page_want_to_crawl = min(int(page_want_to_crawl), total_page_num)		
15	pages_link = Ptt_Gossiping.Get_pages_link(BOARD_URL, total_page_num, page_want_to_crawl)		
16	posts = Ptt_Gossiping.Get_Posts(pages_link)		
17	posts_data = Ptt_Gossiping.Get_Articles(posts)		
18	all_contents = Get_All_contents(posts_data)		
19	Ptt_Gossiping.Save2Excel(posts_data)		
20			
21	seged_list = DrawWordCloud.segment(all_contents)		
22	words_clear = DrawWordCloud.removeStopWords(seged_list)		
23	DrawWordCloud.drawWordCloud(words_clear)		

24	DrawWordCloud.wordCount(words_clear)
25	DrawBarChart.drawBar()

於「main()」中，首先於第 6 行中，確認政黑版的網址為：

```
BOARD_URL = '/bbs/hatepolitics/'
url = 'https://www.ptt.cc' + BOARD_URL + 'index.html'
```

接著在第 7 行至第 8 行中，調用「Ptt_Gossiping」的「Get_TotalPageNum(BOARD_URL)」函式，以便取得目前政黑版中 PO 文的總頁數。第 10 行中，則由使用者決定欲爬取的頁數。

使用者所輸入的爬取頁數無誤後，程式即開始依頁數爬取 PO 文資料。首先於第 15 行調用「Ptt_Gossiping」的「Get_pages_link()」函式取得各分頁的連結。取得各分頁的連結（pages_link）後，於第 16 行，調用「Get_Posts()」函式以爬取所有的 PO 文之相關資訊，這些資訊包含 PO 文的標題（title）、連結（link）、作者（author）、日期（date）與推文數（push）。接著，再於第 17 行調用「Ptt_Gossiping」的「Get_Articles()」函式，以爬取所有的 PO 文之發言內容，並整合先前的 PO 文相關資訊，而形成完整的 PO 文資料（posts_data）。

獲取所有的 PO 文資料（posts_data）後，為了後續能針對所有 PO 文之發言內容進行文字雲分析，須先將所有的發文內容儲存於字串變數中。在此，我們須另行整合所有發言內容的函式，該函式名為「Get_All_contents()」（第 18 行），我們將在第 15-3 節中，再予以介紹。

最後將調用「Ptt_Gossiping」的「Save2Excel(posts_data)」（第 19 行），以便能將 PO 文之相關資訊儲存於「Get_Posts.xlsx」中。至此，就輕鬆地完成政黑版的爬蟲程式了。從這個範例，讀者應可理解到，資源共享的重要性吧！

接下來，我們將開始來繪製文字雲與長條圖。繪製文字雲的程式碼，我們將會在第 15-4 節中進行說明；而繪製長條圖的程式碼，則在第 15-5 節進行示範。

首先，於第 21 行調用「DrawWordCloud」的「segment(all_contents)」函式，以將「all_contents」的字串內容（所有的發言內容），運用「jieba」套件進行斷字，以取出所有的可能詞彙，然後儲存於變數「seged_list」中。

根據過往的生活經驗，有些詞彙是無實質意義的，例如：這個、那個、這種等詞彙，這些詞彙常被稱為停詞（stop words）。運用「jieba」套件進行斷字時，為便於從全文中扣除停詞，常將停詞儲存於一個獨立的文字檔中（如：本範例的 my_stopwords.txt）。運用停詞檔（my_stopwords.txt）還有另一個好處是：若使用者覺得某些詞彙應屬停詞或不屬停詞，亦可獨立於程式之外，而自行編修停詞檔。

因此，有必要針對先前斷字所產生的詞彙（儲存於 seged_list 中），以停詞檔「my_stopwords.txt」為基礎，而從「seged_list」中去除掉無意義的停詞。為達去除停詞的目的，可調用「DrawWordCloud」的「removeStopWords(seged_list)」函式。去停詞後，代表已萃取出可用以繪製文字雲的詞彙，這些詞彙將存放在變數「words_clear」中（第 22 行）。

變數「words_clear」中的詞彙，將來會進行統計處理，以算出各詞彙出現的次數。故在第 23 行中，就調用了「DrawWordCloud」的「drawWordCloud(words_clear)」函式，以統計各詞彙出現的頻率（wordCount() 函式中）並繪製文字雲。

待各詞彙的計數完成後，即可調用「DrawBarChart()」函數來繪製長條圖（第 25 行）。至此，政黑版爬蟲程式的作業已結束。讀者亦可自行嘗試執行看看，所得結果如圖 15-1 與 15-2。

圖 15-1 文字雲

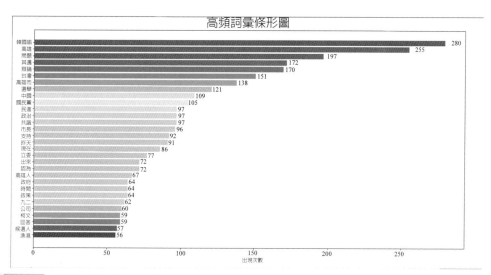

圖 15-2 詞彙出現頻率之長條圖

15-3 取得所有 PO 文的發言內容

為了能運用文字雲解析文字內容的意涵與價值，我們必須取得所有 PO 文的發言內容並彙整成一文件（檔案或儲存於變數中）。能取得並彙整所有 PO 文之發言內容的程式碼，如表 15-2 所示。

表 15-2　Get_All_contents() 函式

程式檔	ex15-1.py		函式	Get_All_contents(posts_data)
1	def Get_All_contents(posts_data):			
2	contents = [entry['content'] for entry in posts_data]			
3	all_contents = ''			
4	for content in contents:			
5	all_contents = all_contents + content			
6				
7	return all_contents			

於「Get_All_contents(posts_data)」中，首先從「posts_data」（所有的 PO 文資料）中取出所有「content」欄位的值，並逐一放入「contents」串列變數中（第 2 行）。然後，遍歷「contents」串列變數已取出各篇 PO 文的發言內容，再把每篇發言內容連接起來，儲存於「all_contents」這個字串變數中並回傳。這些回傳的文字內容，就是未來要製作成文字雲的基本題材。

15-4 繪製文字雲

繪製文字雲（Word Cloud）的主要目的在於：能讓使用者在不用閱讀所有 PO 文的前提下，就能快速聚焦在 PO 文的主要重點內容或趨勢上。反過來說，

若從分析者角度來看的話，從文字雲就可大略解析出大量 PO 文的意涵傾向或話題趨勢。因此，文字雲也可歸類爲大數據分析的文字探勘方法之一。此方法也是一種數據挖掘 (data mining) 的過程，能從大數據中抽絲剝繭出有用的訊息。

我們就來看看，製作文字雲的程式碼，介紹製作文字雲的函式時，我們將偏向於應用面，而不向先前詳細的說明各行程式碼。最主要的原因是，不論何種應用，製作文字雲的過程大致上是固定的，因此，就應用層面而言，應用性比擴展性更形重要。

先介紹繪製文字雲時的主程式（DrawWordCloud.py），其程式碼如表 15-3。

表 15-3　DrawWordCloud.py

程式檔	DrawWordCloud.py	函式	
1	import jieba		
2	import codecs		
3	from scipy.misc import imread		
4	import os		
5	from os import path		
6	import matplotlib.pyplot as plt		
7	from PIL import Image, ImageDraw, ImageFont		
8	from wordcloud import WordCloud, ImageColorGenerator		
9	import DrawBarChart		
10			
11	if __name__ == '__main__':		
12	doc = ''		
13	seged_list = segment(doc)	#對doc進行斷字	
14	words_clear = removeStopWords(seged_list)	#萃取出有意義的詞彙	
15	drawWordCloud(words_clear)	#繪製文字雲	

16	wordCount(words_clear)	#對各詞彙進行出現頻率計算
17	DrawBarChart.drawBar()	#繪製長條圖

在「DrawWordCloud.py」中，首先匯入將運用到的套件（如：jieba、WordCloud），這些套件中，很多都是讀者首次見到。限於篇幅，本書將無法一一進行介紹。若讀者想進一步了解這些套件的用法時，可直接於「Google 搜尋」中進行搜尋，以找出相關套件的說明文件。

在程式碼「if __name__ == '__main__':」的區塊中，明顯的，可以理解繪製文字雲與長條圖時，只須運用 5 個函式，即可達成任務。前三個用於繪製文字雲、後兩個則可繪製長條圖，這 5 個函式如下：

1. segment（doc）函式：主要功能為對文件（doc）進行斷字。
2. removeStopWords（seged_list）函式：主要功能為移除停詞，以萃取出有意義的詞彙。
3. drawWordCloud（words_clear）函式：主要功能為繪製文字雲。
4. wordCount（words_clear）函式：主要功能為計算各詞彙出現的頻率。
5. DrawBarChart.drawBar() 函式：主要功能為繪製長條圖。

如前所述，對於這五個函式，我們將只會介紹其運用方式，至於程式碼的編寫技巧，則不予以說明。事實上，在大部分的應用情形下，也實在沒有必要去更改這些程式碼。然而，若讀者想去針對圖形的相關屬性或樣式進行個人化設定時，當然也是可以的。因此，有關圖形之樣式（可更改的部分），在程式中將會以灰色網底加以提示。

一、segment（doc）函式

segment（doc）函式的主要功能在於：運用 jieba 的 cut() 方法，採精準模式將呼叫程式所傳過來的文字內容進行斷字，以取出所有可能的詞彙。其程式碼如

表 15-4。

表 15-4　segment() 函式

程式檔	DrawWordCloud.py	函式	segment(doc)	
1	def segment(doc):			
2	# 以精準模式，將doc內的文字內容進行斷字，且所有取出的詞彙將逐一的，以一個字元的空白間隔，連接成字串。			
3	seg_list = ' '.join(jieba.cut(doc, cut_all=False))			
4				
5	# 將斷詞結果存入result.txt中			
6	document_seged = codecs.open('result.txt', 'w+', 'utf-8')			
7	document_seged.write(seg_list)			
8	document_seged.close()			
9				
10	return seg_list			

二、removeStopWords（seged_list）函式

　　removeStopWords（seged_list）函式的主要功能在於：將初步所獲得的詞彙（seged_list），以停詞檔「my_stopwords.txt」為基礎，而從「seged_list」中去除掉無意義的停詞。停詞常被收錄於文件檔（如：本範例的 my_stopwords.txt）中。「my_stopwords.txt」中已收錄許多停詞，若使用者覺得某些詞彙應屬停詞或不屬停詞，亦可自行編修停詞檔「my_stopwords.txt」。removeStopWords（seged_list）函式的程式碼，如表 15-5 所示。

表 15-5　removeStopWords () 函式

程式檔	DrawWordCloud.py	函式	removeStopWords(seged_list)
1	def removeStopWords(seged_list):		
2	words_stop_removed = []		
3			
4	# 開啓預先準備好的stopword(停詞)檔案，stopword代表未來不會被列入統計的詞彙，也就是要淘汰掉的詞彙。		
5	stop_words = open(r'my_stopwords.txt')		
6	stop_words_text = stop_words.read()		
7	stop_words.close()		
8			
9	# 以'\n'爲間隔，逐一抽離各停詞，並成爲stop_words_list串列的元素		
10	stop_words_list = stop_words_text.split('\n')		
11			
12	# 再以' '符號爲間隔，逐一抽離各詞彙，並成爲seged_text_list串列的元素。		
13	seged_text_list = seged_list.split(' ')		
14			
15	# 萃取出未來需要進行統計的詞彙		
16	for word in seged_text_list:		
17	if word not in stop_words_list:		
18	words_stop_removed.append(word)		
19			
20	# 將萃取出的詞彙，存入result_stop.txt檔中。		
21	words_clear = codecs.open('result_stop.txt', 'w', 'utf-8')		
22	words_clear.write(' '.join(words_stop_removed))		
23			

24	return ' '.join(words_stop_removed)

三、drawWordCloud（words_clear）函式

drawWordCloud（words_clear）函式的主要功能為：繪製文字雲，其程式碼如表 15-6 所示。

表 15-6　drawWordCloud() 函式

程式檔	DrawWordCloud.py	函式	drawWordCloud(words_clear)
1	def drawWordCloud(seged_list):		
2	# 以imread方法匯入圖形，用於設置文字雲的形狀，亦即設定遮罩之意。 # 設定遮罩的圖形為台灣地圖（taiwan_map.png）。		
3	fig_mask = imread(r'taiwan_map.png')		
4			
5	# 產生文字雲物件，並設定其各種屬性		
6	wc = WordCloud(　　　font_path=r'BMAO00HU.ttf',　#設定字形，須含路徑 　　　background_color='white',　　　　#設定背景顏色 　　　mask=fig_mask,　　　　　　　　#設定遮罩 　　　max_words=2000,　　　　　　　#設定文字雲能顯示的最大 　　　　　　　　　　　　　　　　　　詞數 　　　max_font_size=60　　　　　　　#設定最大字型 　　　)		
7			
8	# 使用seged_list內的詞彙製作文字雲		
9	wc.generate(seged_list)		
10	# 儲存文字雲圖		

11	wc.to_file('wc_fig.jpg')
12	
13	# 畫第一張文字雲圖,字體顏色自動產生。
14	plt.imshow(wc, interpolation="bilinear")
15	plt.axis('off')　# 不顯示座標軸
16	
17	# 畫第二張圖,沒有使用plt.figure()的話,則第二張圖會把第一張圖蓋掉。
18	plt.figure()
19	
20	# 設定字體顏色,將依照遮罩圖內的顏色分布來做配色。
21	image_colors = ImageColorGenerator(fig_mask)
22	
23	# 第二張文字雲圖中,改變字體顏色,color_func代表產生新顏色,新顏色為依照遮罩圖內原始的顏色分布來做配色。
24	plt.imshow(wc.recolor(color_func=image_colors), interpolation="bilinear")
25	plt.axis('off')
26	
27	# 把文字雲圖顯示出來。
28	plt.show()

四、wordCount(words_clear)函式

　　wordCount(words_clear)函式的主要功能為:對各詞彙進行出現頻率的計算,其程式碼如表 15-7 所示。

表 15-7　wordCount () 函式

程式檔	DrawWordCloud.py		函式	wordCount(words_clear)
1	def wordCount(seged_list):			
2	word_lst = []			
3	word_dict = {}			
4	with codecs.open('word_Count.txt','w', 'utf-8') as wcf:			
5				
6	# 以一個字元的空白間隔，逐一抽離seged_list中的各詞彙，並成為word_lst 串列的元素。			
7	word_lst.append(seged_list.split(' '))			
8				
9	# 遍歷所有的詞彙			
10	for item in word_lst:			
11	# 計算各詞彙出現的次數			
12	for item2 in item:			
13	if len(item2) >= 2:			
14	if item2 not in word_dict:			
15	word_dict[item2] = 1			
16	else:			
17	word_dict[item2] += 1			
18				
19	# 字典中，以值為key，進行各詞彙元素的遞減排序，排序完成後，存入 word_dict_sorted字典。			
20	word_dict_sorted = dict(sorted(word_dict.items(), key = lambda item:item[1], reverse=True))			
21				
22	# 遍歷word_dict_sorted字典中的所有的詞彙元素，並轉為字串鍵值對而存於 word_Count.txt中。			

23	for key in word_dict_sorted:
24	wcf.write(key+' '+str(word_dict_sorted[key])+'\n')
25	
26	wcf.close()

15-5　繪製長條圖

　　在表 15-3 的「DrawWordCloud.py」中，我們以「DrawBarChart.drawBar()」調用了「DrawBarChart.py」中的 drawBar() 函式。「DrawBarChart.py」包含兩個函式，一為 drawBar() 函式；另一為 autolabel() 函式。drawBar() 函式的主要功能為：繪製長條圖；而 autolabel() 函式的主要功能為：為長條圖加上標籤，以資識別。其程式碼如表 15-8 所示。

表 15-8　DrawBarChart.py

程式檔	DrawBarChart.py	函式	
1	import matplotlib.pyplot as plt		
2	from matplotlib.font_manager import FontProperties		
3	import numpy as np		
4	import codecs		
5			
6	def drawBar():		
7	# 使用plt.subplots畫圖，它會把fig和ax結合起來		
8	fig, ax = plt.subplots()		
9	fig.set_size_inches(10, 5)		

10	
11	# 設定字形，須含路徑
12	myfont = FontProperties(fname=r'simkai.ttf')
13	
14	# 設定y軸的座標刻度的數量
15	N = 30
16	
17	# 從word_Count.txt中，逐行取出詞彙，找出長度大於2的詞彙，並計算其出現頻率。
18	words = []
19	counts = []
20	for line in codecs.open('word_Count.txt','r', 'utf-8'):
21	line.strip('\n')
22	if len(line.split(' ')[0]) >=2:　　　　　# 只取出詞彙長度大於2的
23	words.append(line.split(' ')[0])　　　# 以words串列存放長度大於2的詞彙
24	counts.append(int(line.split(' ')[1].strip('\n')))　# 以counts串列存放長度大於2之詞彙的出現頻率
25	
26	# 設定y軸的座標刻度
27	y_pos = np.arange(N)
28	
29	# 設定顏色，使具有漸層效果
30	
31	colors = ['#FC0404', '#FC3C04', '#FC3C04', '#FC5A04', '#FC7504', '#FC9704', '#FCB504', '#FCD304', '#FCF104', '#EDFC04', '#D3FC04', '#ADFC04', '#8FFC04', '#6AFC04', '#4BFC04', '#31FC04', '#13FC04', '#04FC17', '#04FC35', '#04FC4F', '#04FC71', '#04FC97', '#04FCB1', '#04FCCF', '#04FCF1', '#04EAFC', '#04CFFC', '#04B5FC', '#048FFC', '#0466FC']

32	
33	# 繪製水平長條圖
34	rects = ax.barh(y_pos, counts[:N], align='center', color=colors)
35	
36	# 設定圖形屬性
37	ax.set_yticks(np.arange(N))
38	ax.set_yticklabels(words[:N],fontproperties=myfont)
39	
40	# 設定出現頻率高的詞彙之長條圖在最上面，往下遞減
41	ax.invert_yaxis()
42	ax.set_title('高頻詞彙長條圖',fontproperties=myfont, fontsize=17)
43	ax.set_xlabel('出現次數',fontproperties=myfont)
44	
45	# 設定長條圖的標籤
46	autolabel(rects, ax)
47	plt.show()
48	
49	
50	def autolabel(rects, ax):
51	# 為長條圖加上文字標籤
52	for rect in rects:
53	width = rect.get_width()
54	ax.text(1.03 * width, rect.get_y() + rect.get_height()/2., '%d' % int(width), ha='center', va='center')

國家圖書館出版品預行編目資料

Python網路文字探勘入門到上手／陳寬裕著.
-- 初版. -- 臺北市：五南圖書出版股份有
限公司, 2020.01
　　面；　公分
　ISBN 978-957-763-700-0（平裝）

1.Python（電腦程式語言）

312.32P97　　　　　　　108016331

1H2D

Python網路文字探勘入門到上手

作　　者 ─ 陳寬裕

發 行 人 ─ 楊榮川

總 經 理 ─ 楊士清

總 編 輯 ─ 楊秀麗

主　　編 ─ 侯家嵐

責任編輯 ─ 李貞錚

文字校對 ─ 黃志誠、許宸瑞

封面設計 ─ 王麗娟

出 版 者 ─ 五南圖書出版股份有限公司

地　　址：106台北市大安區和平東路二段339號4樓

電　　話：(02)2705-5066　　傳　　真：(02)2706-6100

網　　址：https://www.wunan.com.tw

電子郵件：wunan@wunan.com.tw

劃撥帳號：01068953

戶　　名：五南圖書出版股份有限公司

法律顧問　林勝安律師

出版日期　2020年1月初版一刷
　　　　　2023年6月初版二刷

定　　價　新臺幣450元